无机非金属介孔材料在电化学传感器中的应用

张 玲 著

科 学 出 版 社

北 京

内 容 简 介

本书在概述电化学传感器和无机非金属介孔材料的基础上，介绍了应用于电化学传感器中的无机非金属介孔材料的合成方法、原理及表征方法，并阐述了无机非金属介孔材料及其功能化复合材料在电化学传感器中的应用。主要内容包括：利用介孔材料或功能化介孔材料的电化学催化性能构建传感器进行的直接电化学检测；构建介孔材料修饰电极进行离子检测；介孔材料作为载体固载酶进行电化学生物传感器研究。本书不仅介绍了国内研究组的研究情况，也介绍了国外科研工作的进展，并将无机非金属介孔材料分成硅基和非硅基两大类，以介孔材料在电化学传感器中的三大应用方向（直接电化学检测、离子检测、电化学生物传感器）为主线，进行了详细深入的阐述。通过横向对比，分析了电化学传感器性能和材料结构的关系，为将来的材料开发提供依据。

本书可供从事纳米材料应用、传感器研究的专业人员阅读和参考，也可作为材料、化学等专业的研究生及高校教师的参考用书。

图书在版编目（CIP）数据

无机非金属介孔材料在电化学传感器中的应用/张玲著. —北京：科学出版社，2019.6

ISBN 978-7-03-061593-0

Ⅰ. ①无… Ⅱ. ①张… Ⅲ. ①无机非金属材料-应用-电化学-化学传感器-研究 Ⅳ. ①TP212.2

中国版本图书馆 CIP 数据核字（2019）第 113561 号

责任编辑：朱　丽　李明楠 / 责任校对：杨　赛
责任印制：吴兆东 / 封面设计：蓝正设计

科学出版社出版
北京东黄城根北街 16 号
邮政编码：100717
http://www.sciencep.com

北京凌奇印刷有限责任公司印刷
科学出版社发行　各地新华书店经销
*

2019 年 6 月第 一 版　开本：720×1000 1/16
2019 年 6 月第一次印刷　印张：9 3/4
字数：194 000

POD定价：88.00元
（如有印装质量问题，我社负责调换）

前　　言

电化学传感器结构简单、操作方便、检测灵敏度高、响应时间短，被广泛应用于现代工业、医药、交通、环境、公共安全、食品、健康等诸多方面，是各应用领域与现代信息技术交叉发展、融合的基础元器件，有着广泛的市场需求。以血糖仪为例：据统计，2016 年，世界卫生组织官网公布全球 5690 万例死亡中，糖尿病在前十位死亡原因中名列第七。从历年的死亡病例可以看出，在世界各地，糖尿病的发病率居高不下。2007 年，糖尿病及其并发症导致了 380 万人死亡。2009 年，全球有糖尿病病人 2.4 亿人，这个数字到 2025 年预计会达到 3.8 亿，增长 58%。而血糖仪是监测糖尿病人体内血糖变化的重要手段，具有病人自行操作等优点，其仪器核心部件即为电化学传感器。中华糖尿病学会曾在文件上强调要推广快速血糖仪自测血糖的普及。因此，血糖仪的市场应用前景是非常巨大的，是监测人体健康指标的有利助手。但从目前市场应用比较多的血糖仪品牌来看，多为日本、美国、瑞士所生产，国内的传感器所占比例还比较小，还远不能满足实际需求，大量产品空缺仍需进口填补。因此，提高传感器质量，从产品技术层面进行分析，在电极结构层面上进行设计、对电极构效关系等方面进一步深化成为我国电化学传感器研究的当务之急。

近年来，材料科学的发展、表征技术的进步加深了研究者们对电化学传感器研究的深度和广度。电极种类的丰富、传感器性能的提高，促进了研究者们从电极的构建、材料的构效上去探求制备高效灵敏传感器的使命感。

介孔材料的制备始于 20 世纪 90 年代左右，由于介孔材料具有的优异的小尺寸效应、表面效应、量子尺寸效应和宏观量子隧道效应，与电化学传感器所要求的高灵敏度、高效率、多功能等相对应，与电化学传感器信息化、智能化和集成化的发展趋势相符，因此受到了电化学工作者的青睐。此外，介孔材料孔径可在 2～50nm 范围内连续调节和无生理毒性的特点使其非常适用于酶、蛋白质等生物分子的固定和分离，这为生物传感器的开发研究提供了前所未有的机遇。将介孔材料引入到电化学传感器领域的研究，必将使材料科学和电化学这一交叉领域迸发出勃勃生机。

本书的撰写，是对无机非金属介孔材料在生物传感器中的应用的一个总结，进而分析了材料与结构、性能之间的关系，为后续材料的研究、传感器的构建、性能的提高提供了有意义的参考。

特别提及的是，在本书的撰写过程中，得到了曹中秋、潘晶等同事，矫淞霖、刘楠等研究生的大力支持与帮助，在此表示深深的感谢。在本书的出版过程中，我们还得到了科学出版社编辑们热情的支持与帮助，在此感谢他们细致、认真的工作。感谢沈阳师范大学学术文库对本书出版的资助。同时，本书大量引用了国内外学者的相关工作，在此一并表示衷心感谢。

由于作者学识有限，错误和不当之处在所难免，恳请读者批评指正。

作　者

2019 年 5 月

目　　录

前言

第一章　电化学传感器概述 …… 1

1.1　电化学传感器研究现状 …… 1

1.2　电化学传感器分类 …… 1

1.2.1　非生物电化学传感器 …… 2

1.2.2　生物电化学传感器 …… 3

1.3　电化学测定方法 …… 6

1.3.1　经典电化学方法 …… 6

1.3.2　电化学原位谱学方法 …… 8

参考文献 …… 10

第二章　无机非金属介孔材料概述 …… 12

2.1　无机非金属介孔材料简介 …… 12

2.2　无机非金属介孔材料分类 …… 14

2.2.1　按照化学组成分类 …… 14

2.2.2　按照介孔孔道有序程度分类 …… 14

2.3　无机非金属介孔材料的合成方法 …… 15

2.3.1　软模板法 …… 15

2.3.2　硬模板法 …… 16

2.4　介孔材料的形成机理 …… 18

2.4.1　液晶模板机理 …… 18

2.4.2　协同组装机理 …… 18

2.5　介孔材料的表征方法 …… 19

2.5.1　X 射线衍射分析 …… 19

2.5.2　透射电子显微分析 …… 21

2.5.3 气体吸附法……23
参考文献……27

第三章 应用于电化学传感器研究中的介孔材料介绍……29

3.1 硅基介孔材料及硅基有机—无机杂化介孔材料……29
3.2 非硅基介孔金属氧化物……32
3.3 有序介孔碳……33
参考文献……35

第四章 介孔材料在电化学传感器中的构筑方式……39

4.1 薄膜涂覆电极……39
4.2 块状复合电极……43
参考文献……46

第五章 无机非金属介孔材料在电化学传感器中的应用研究……50

5.1 介孔材料在非生物电化学传感器中的应用……51
5.1.1 电化学催化……51
5.1.2 电催化研究实例……68
5.1.3 预富集电分析……83
5.1.4 预富集研究实例……85
5.2 介孔材料在生物敏感电化学传感器中的应用……98
5.2.1 酶电化学生物传感器的发展阶段……98
5.2.2 蛋白质的固定技术……108
5.2.3 介孔材料在酶电化学传感器中的应用……109
5.2.4 介孔材料在酶电化学生物传感器中的研究实例一……115
5.2.5 介孔材料在酶电化学生物传感器中的研究实例二……128
参考文献……136

第一章 电化学传感器概述

1.1 电化学传感器研究现状

电化学传感器（electrochemical sensor）是基于电化学原理，通过待测物在转换元件上的电化学反应所产生的信号来进行检测的一类传感器。电化学传感器具有结构简单、抗干扰能力强、操作简便、灵敏度高、响应时间短，可实时、在线监测的特点，在现代工业、环境和生物技术等许多高新技术领域都发挥着越来越重要的作用，已成为人们利用科技信息感知、调控世界的一个有效通道和手段[1]。迄今为止，电化学传感器已经成为传感器领域中的热门研究方向。其应用领域甚为广泛，如 pH 计、血液电解质分析仪、葡萄糖检测仪等都已成为临床医学检测中不可或缺的仪器；钠、氰、氯等离子监测器、废水中化学需氧量（COD）测量仪已成为环境监测和电站水质监控仪表中广为应用的传感器元件。随着研究的不断深入，科学家开始利用电化学传感器中敏感元件表面结构的功能化来控制表面电化学过程，这种对敏感元件表面结构的修饰和控制标志着电化学传感器技术进入更精确的分子水平；由此，相继出现了更多新型的电化学传感器，这些电化学传感器被应用于病毒和细菌检测、核酸分析、基因诊断、药物筛选、疾病诊断等诸多方面[2]。总之，电化学传感器研究集合了高技术、高附加值、高投资回报率的特点，该领域的研究几乎被当代世界所有的科技强国作为国家科技战略重点大力扶持。

1.2 电化学传感器分类

电化学传感器种类繁多，但基本工作原理都相同，即通过特定感应元件与目标物质发生反应产生感知信号，再通过特定的换能器将这种感知信号转换成可识别的、与目标物质浓度成比例的电信号，从而达到定性或定量的分析检测的目的。其工作原理如图 1-1 所示。

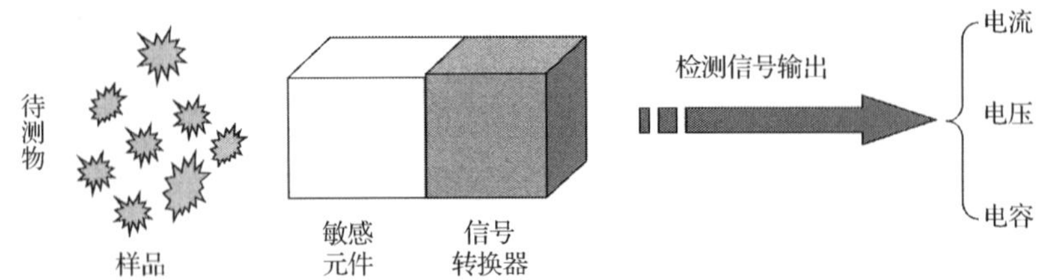

图 1-1 电化学传感器的基本构成示意图

电化学传感器根据分类标准的不同，有不同的分类方法。根据在传感器制备过程中识别系统是否有生物或生物衍生物的参与，可将其分为生物电化学传感器和非生物电化学传感器。其中生物电化学传感器根据识别系统上敏感物质的不同，又可分为：免疫类、酶类、DNA 类、微生物类、组织与细胞类[3]。

1.2.1 非生物电化学传感器

（一）以电化学催化反应为基础的电化学传感器

在本小节中，电化学传感器的敏感元件为非生物类材料。电化学传感器通过固载于电极表面或溶液中的敏感元件（电催化剂）发生的化学反应实现信号的传输。电催化剂在电化学反应中的作用是通过形成活性中间体来显著降低过电位，提高电流密度来催化反应。电催化剂的通性：①催化剂具备一定的电子导电性；②催化剂具备较好的催化活性；③催化剂具备较好的电化学稳定性。在电场的作用下，存在于电极表面或溶液相中的修饰物（电化学活性的、非电化学活性的）能促进或抑制在电极上发生的电子转移反应，而电极表面或溶液相中的修饰物本身不发生化学变化。通过电催化反应，可降低电化学反应的过电位，寻求具有较低能量的活化途径，使电极反应在平衡电势附近以高电流密度发生[4]。

电化学催化反应，一般分为氧化还原电催化和非氧化还原电催化。其中，氧化还原电催化是指在电化学催化反应过程中，固定在电极表面或存在于电解液中的催化剂本身发生了氧化—还原反应，吸附过程包括了电子的转移。对比多相和均相不同的氧化还原电催化反应（发生于电极表面或存在于电解液中）可以看出，多相催化通常只涉及简单电子转移反应，催化剂用量通常比均相催化所需用量少得多，可在反应层内提供高浓度的催化剂，对反应速率的提高要远超过均相催化剂，且不需要分离产物和催化剂。

除了氧化还原催化剂，还可利用非氧化还原剂实现电催化。在这种情况下，固定在电极表面的催化剂本身（M）在催化过程中并不发生氧化还原反应，吸附剂通过解离式或缔合式吸附与反应物形成活性中心。例如，甲酸在电极表面的电化学氧化过程。

（二）以离子敏感膜为基础的离子检测电化学传感器

以离子敏感膜为基础的离子检测电化学传感器研究最早和最多的是 pH 传感器，多属电位型传感器。离子传感器也叫离子选择性电极，它响应于特定离子，将离子活度转化为电位，并遵从能斯特公式。离子选择性电极构造的主要部分是离子选择性膜和内导系统。离子选择性膜是离子选择性电极最重要的组成部分，它决定着电极的性质。不同的离子选择电极具有不同的离子选择性膜，其作用是将溶液中特定离子活度转变成电位信号——膜电位。膜电位随着被测定离子的活度而变化，所以通过离子选择性膜的膜电位可以测定出离子的活度。内导系统一般包括内参比溶液和内参比电极，其作用在于将膜电位引出。离子选择性电极配合参比电极同时连接上电位差计，能测定多种离子浓度，这种测定方法叫离子电极法。迄今已生产出几十种离子选择性电极，这对微量物质的测定和生物样品的分析起了很大作用，这一分析技术也成为电化学分析法的一个独立分支科学。目前，离子选择性电极被广泛应用于环境监测，其优点在于测量对象广、设备简单、灵敏度高、样品不需要复杂的前处理等。

1.2.2 生物电化学传感器

生物电化学传感器是将生物敏感物质（酶、抗原、抗体、激素等）或者生物本身固定在电极上，通过生物分子之间的特异性识别作用将目标分子与其反应的信号转化成电信号，从而实现对目标分析物的定性或定量检测。生物电化学传感器是一种理想的便携式、低成本的快速检测病原体、蛋白质和体内小分子等分析物的工具，是一个跨学科研究领域。目前，生物电化学传感器已经广泛应用于生物物质及生物相关物质的研究，如葡萄糖、一氧化氮、过氧化氢、硫化氢、DNA/RNA、蛋白质等物质的检测。

随着基础理论研究的不断深入，生物电化学传感器在实际应用及商品化方面逐渐取得了突破性的进展，其中具有代表性的应用有：1975 年，美国俄亥俄州的 YSI（Yellow Springs Instrument）公司推出第一个基于酶电极的葡萄糖测定仪，从而首次实现了传感器的商品化，如今，该公司的系列酶电极已经成为发酵和食品分析实验室的常用仪器；1984 年，英国学者 A. E. G. Cass 等首次建立了介体酶电极方法，利用化学介体二茂铁（ferrocene）取代分子氧作为氧化还原酶酶促反应的电子受体，这篇论文已经被《科学引文索引》（*science citation index*，SCI）源刊物引用了700多次，并促成1987年美国Medisene公司开发成功印刷酶电极。由此，在接下来的几十年中，各类新型的电化学传感器被逐步商品化，由于其快速、便捷、便宜、实时等优点，在现实生活当中得到了广泛的应用。比如，使用便携式家用血糖检测仪，可以随时对血样中的葡萄糖浓度进行检测，操作简单便捷，响应时间短，可重复使用，而且市场售价仅几百元；利用免疫原理制备的女性早孕试纸，市场售价仅数元，只需采集少量尿液，便可在五分钟内对女性早孕情况进行确定；还有些低成本的生物试剂盒，操作人员不需要特别的培训，只要按照操作说明书使用即可实现自动化检测，十分方便快捷。随着几十年来科学技术的不断发展，我们相信，电化学传感器未来在更广泛的领域中一定会逐步取代大型、昂贵、耗时、劳动密集型的传统检测技术，实现对大通量样品的快速、便捷、自动化、高灵敏、特异性地实时分析检测，真正应用于社会生活的方方面面[5-14]。

根据固定在电极上的生物材料，生物电化学传感器可分为电化学酶传感器、电化学DNA传感器，电化学细胞传感器、电化学免疫传感器、电化学微生物传感器等。现按此分类详述。

（一）电化学酶传感器

电化学酶传感器是指将酶固定在电极表面，将固定化酶与溶液中被测物的反应信号转变成电信号来实现对被测物的定性和定量分析的一种生物传感器。电化学酶传感器是电化学生物传感器领域中研究最多、最早的一种类型。酶是生化反应的高效催化剂，对底物具有高度的专一性。在反应过程中酶与底物形成了酶—底物复合物，此时酶的构象对底物分子显示识别能力。到目前为止，三代电化学酶传感器已经被放开发出来。第一代电化学酶传感器是以O_2为媒介体实现电极与酶活性中心的电子传递体，但因第一代电化学酶传感器工作电位高，受O_2和产物H_2O_2的影响较大，灵敏度和准确度受到了限制；第二代电化学酶传感器是用人造电子媒介体来代替自然物质作为酶活性中心与电极表面间的电子通道，通过检测电子媒介体的电流变化来反映待检测物的浓度的方法。其中，电子媒介体在电极上的氧化还原反应通常是可逆的，有合适的氧化还原电位并且其浓度容易控制。这类物质有很多，如二茂铁及其衍生物、染料分子、有机导电盐、金属酞菁等。尽管第二代传感器已经具备了很多突出的优点，但人们一直在寻求酶与电极之间直接电子转移的方法。第三代电化学酶传感器是利用酶自身在电极上发生电子转移设计的，是最理想的生物传感器，但是它依赖于酶活性中心与电极之间的电子转移，而酶的活性中心通常深埋在酶蛋白的中心，所以实现难度较大。目前最常见的电化学酶传感器是葡萄糖氧化酶、细胞色素 P450 酶、过氧化物酶和胆碱酯酶传感器。

（二）电化学免疫传感器

电化学免疫传感器是将抗原（抗体）固定在电极表面，通过抗原、抗体之间的免疫反应检测目标抗体（抗原），并将反应信号转变成可检测的电信号的一种电化学生物传感器。电化学免疫传感器从测定原理上可分为标记型免疫传感器和非标记型免疫传感器。

标记型免疫传感器是用一定的标记物如酶、荧光试剂、化学发光试剂、核素、核糖体、红细胞或金属标记物等使免疫反应产生可测定的信号。一般来讲，标记型免疫传感器有两种模式：三明治模式和竞争法模式。三明治模式包含两个步骤。在第一个步骤中，抗体固定在传感器的表面，以捕获待测物中的目标抗原；第二步中，标记过的二抗和目标抗原结合，形成免疫复合物（固定化抗体—抗原—标记抗体），由标记物产生的信号与分析物的浓度成正比。在竞争法模式里，溶液中的目标待测物和已知的抗原标记物竞争有限的抗体结合点，当目标分析物浓度增加时，更多的抗原标记物被置换出，传感器表面结合的标记物含量减少，信号下降。尽管标记型免疫传感器灵敏度较高，但他们却不能实时监测抗体—抗原的反应。

非标记型免疫传感器利用待测抗原或抗体与固定在传感器表面的抗体或抗原发生特异吸附时直接产生信号。这种传感器也有两种：直接型和间接型。直接型的反应直接与待测物的浓度成正比。它的最大优点是过程简单。然而，直接型的非标记型免疫传感器往往不能够从抗原—抗体反应过程中产生高灵敏的信号，而且很难达到检测的要求。间接型也是基于竞争法的原理，先将抗原固定在传感器表面，将待测物溶液与相应的抗体混合后，与传感器表面的抗原反应。溶液中的抗体与电极表面抗原的结合受到溶液中待测物的抑制，故信号强度与待测物浓度成反比。

（三）电化学 DNA 传感器

电化学 DNA 传感器一般由一个固定 DNA 片段的电极和用于检测的电化学活性杂交指示剂构成。在适当条件下，利用两条互补的 DNA 单链间的特异性相互作用、使电极表面上已知序列的 DNA 片段（DNA 探针）与溶液中的待测序列 DNA（靶序列）发生杂交，通过杂交前后电化学活性指示剂的电化学响应的变化进行测定或使电极表面的靶序列与溶液中的已标记电化学活性物质的 DNA 探针杂交来测定靶序列，在电极表面的 DNA 双螺旋结构形成后，该传感器还可用于检测那些与 DNA 双链有着特殊亲和力的电化学活性小分子。

（四）电化学细胞及微生物传感器

电化学细胞及微生物传感器是以动植物细胞或者微生物作为生物识别元件，并将反应信号转化成电信号的生物传感器。

此外，除了上述分类方法外，电化学传感器也有很多种其他分类方法。例如，按照其输出信号性质的不同可以分为电位型传感器、电流型传感器和电导型传感器。

电位型传感器是将传感器放入含有被测物质的电解质溶液中，将工作电极和参比电极间的电动势作为一种信号输出，电位变化与被测物浓度之间遵循一定的关系，从而实现对被测物质的检测。电流型传感器则是通过测量被测物与电极间反应产生微弱电流，将此电流作为传感器的输出，从而实现对被测物质的检测。电流型传感器通常采用三电极体系：工作电极、对（辅助）电极、参比电极。电导型传感器是通过检测反应前后体系的电导变化来作为信号输出，据此来对所需检测物质进行检测。

由于电化学传感器的分类及相关研究内容非常庞杂，本书不能一一叙述，只是将介孔材料在电化学传感器中的应用研究进行了总结，相关内容主要包括了无机非金属有序介孔材料在非生物电化学传感器（电化学催化、预富集电分析）和生物电化学传感器（电化学酶传感器）领域中的应用研究。

1.3 电化学测定方法

电化学传感器是传感器分类中非常重要的一个分支，所测的信号是电位、电流、电阻、电容和频率等的变化，由于电化学传感器便于自动化、小型化和智能化，因此在研究中备受关注。相关的测试方法包括：经典电化学方法、电化学原位谱学方法等。

1.3.1 经典电化学方法

为了认识、预示和控制电催化反应，设计电催化反应路线，必须研究电催化反应机理，测定动力学和热力学参数。其基本内容是：①探明反应历程，即了解

总反应是由哪些基元步骤组成，以及基元反应的先后顺序，并确定速率控制步骤；②测定各个基元反应的动力学参数和热力学参数，其中最重要的是控制步骤的动力学参数，其次是非控制步骤的热力学参数（平衡常数），进一步还需要知道控制步骤的热力学参数及非控制步骤的动力学参数。经典的电化学方法无法用电化学仪器来观测反应历程中分子间的转化过程，而只能通过各种间接的实验数据，如电流、电位、电量和电容等来进行唯象解析。20 世纪 50 年代前后经典的电化学方法已经逐渐确立，主要分为暂态和稳态两种。在暂态阶段，电极电势和电极表面的吸附状态以及电极|溶液界面的暂态电流包括了法拉第电流和非法拉第电流。暂态法拉第电流是由电极|溶液界面的电荷传递反应所产生，通过暂态法拉第电流可以定量计算电极反应相关信息；暂态非法拉第电流是由于双电层的结构变化引起的，通过非法拉第电流可以研究电极吸附和脱附行为，测定电极的实际比表面积。经典的电化学方法有：循环伏安法、电位阶跃法、恒电流电解法、旋转圆盘电极法、旋转环盘电极法和电化学阻抗法等[15, 16]。

循环伏安法（cyclic voltammetry，CV） 一种最常用的控制电位技术，具有实验操作简单、得到信息数据较多等特点。该法控制电极电势以不同的速率，随时间以三角波形一次或多次反复扫描，电势范围是使电极上能交替发生不同的还原和氧化反应，并记录电流—电势曲线。根据曲线形状可以判断电极反应的可逆程度，中间体、相界吸附或新相形成的可能性，以及偶联化学反应的性质等。该方法常用来测量电极反应参数，判断其控制步骤和反应机理，并观察整个电势扫描范围内可发生哪些反应，及其性质如何。对由扫描行为所记录电流随电极电位的变化曲线即循环伏安曲线，亦记为 CV 曲线。由于电流正比于电极反应的速率，电极电位代表固|液界面电化学反应体系的能量，因此电化学循环伏安曲线实际上给出了电极反应速率随固|液界面反应体系能量连续反复变化的规律。在研讨电化学反应特性时，最初使用的方法通常为循环伏安法，用以进行初步的定性和定量研究，推断反应机理和计算动力学参数等[5, 11]。

电位阶跃法（chronoamperometry） 一种控制电位技术，即在体系上的施加电压瞬间从一个电压值 V_1 跳跃到另一电压值 V_2，同时测量电流/电量响应与时间的函数关系，进而计算反应过程有关参数的技术[17, 18]。

恒电流电解法（chronopotentiometry） 一种控制电流技术，控制工作电极的电流，同时测定工作电极的电位随时间的变化。在实验过程中，施加在电极上的氧化或还原电流引起电化学活性物质以恒定的速率发生氧化或还原反应，导致了电极表面氧化—还原物种浓度比随时间变化，进而导致电极电位的改变[19, 20]。

旋转圆盘电极法（rotating disk electrode，RDE） 一种强制电流技术，即将圆盘电极顶端固定在旋转轴上，电极底端浸在溶液中，通过马达旋转电极，带动溶液按流体力学规律建立起稳定的强对流场。旋转圆盘电极法最基本的实验就是在这种强迫对流状态下，测量不同转速的稳态极化曲线[21-24]。

旋转环盘电极法（rotating ring disk electrode，RRDE） 一种对旋转圆盘电极法的重要拓展方法。它在圆盘电极外，再加一个环电极，环电极与盘电极之间的绝缘层宽度一般在 0.1～0.5 mm。环电极和盘电极在电学上是不相通的，由各自的恒电位仪控制。旋转环盘电极特别适用于可溶性中间产物的研究，可以用于简单电极反应动力学参数（扩散系数、交换电流和传递系数）的测量。旋转环盘电极技术最典型的研究体系就是氧还原反应，在盘电极上进行氧阴极还原，环电极收集盘电极产生的中间产物 H_2O_2，由此可以很方便地判断反应过程是 4 电子还是 2 电子途径[25]。

电化学阻抗法（electrochemical impedance spectroscopy，EIS） 电化学阻抗法是用小幅度交流信号扰动电极，观察体系在稳态时对扰动的跟随情况。电化学阻抗法已成为研究电极过程动力学及电极界面现象的重要手段。电化学阻抗法通过在很宽频率范围内测量的阻抗频谱来研究电体系，可以检测电极反应的方式（如电极反应的控制步是电荷转移还是物质扩散，或是化学反应），测定扩系数 D、交换电流密度 j_0 以及转移电子数 n 等有关反应的参数，推测电极的界面结构和界面反应过程的机理，因而能得到比其他常规电化学方法更多的动力学和有关界面结构的信息[26]。

1.3.2 电化学原位谱学方法

常规电化学方法是以电信号为激励和检测手段，通过电信号（波形）发生器、恒电位仪、记录仪（或计算机）和锁相检测装置等常规设备，获得固/液界面的各种相关信息，从而实现表征电极表面和固/液界面结构，研究各种电化学反应的动力学参数和反应机理。然而，尽管电化学方法提供了电化学体系的各种微观信息的总和，但仍旧存在一些难以克服的缺点，如难以准确地鉴别复杂体系的各反应物、中间物和产物，并解释电化学反应机理。近年来，将谱学方法（以光为激励和检测手段）与常规电化学方法相结合已成为在分子水平上现场表征和研究电化学体系的不可或缺的手段，也就是说，在电信号以外引入不同能量的光子原位探测固/液界面，可获得进一步的分子水平上的信息，这些谱学方法包括红外光谱、拉曼光谱、紫外可见光谱、X 射线、二次谐波、合频光谱等。不同的电催化材料组成的固/液界面具有不同的双电层结构和不同的反应能垒。应用电化学原位谱学方法，可在电化学反应的同时原位探测固/液界面，获得电极/溶液界面分子水平和实时的信息，从而在分子水平层面快速、方便地研究发生在固/液界面的表面过程和反应动力学。它在研究电极反应机理、电极表面特性、鉴定参与反应的中间体和产物性质、测定电对的式量电位、电子转移数、电极反应速率常数及扩散系数等方面发挥着巨大的作用。电化学原位谱学方法可以用于电化学活性、非电化学活性物质的研究，以及吸附分子的取向，确定表面膜组成和厚度等。

原位红外光谱（*in situ* IR spectroscopy） 研究固/液界面发生的电化学过程的强有力的方法，它可以得到在电信号激励下电极表面物种的吸脱附以及分子的成键和取向等信息，是一种适用于研究电极材料性能和结构的关系以及电催化反应机理的方法。它不仅能够用于研究电催化剂表面和附近物种的结构信息，而且还可获得物质在电化学反应前后的变化情况，有助于在分子水平上揭示电化学催化过程的机理和动力学，从而推动电化学理论取得进一步的发展。近年来，电化学原位红外光谱方法又有了新的突破，具有时间和空间分辨的原位光谱方法应运而生，促进了对快速电化学反应和电催化剂表面微区的结构和性能的研究，进一步拓宽了电化学的研究对象和领域[27-30]。

原位紫外—可见光谱（*in situ* UV/Vis spectroscopy） 要求研究的体系在紫外—可见区域内有光吸收变化。该方法仅适用于研究含有共轭体系的有机物质和在紫外—可见光谱范围内具有光吸收的无机化合物。

原位拉曼光谱（*in situ* Raman spectroscopy） 拉曼光谱技术以单色性很好的激光作为光源，根据对实验所得的振动光谱的分析，可以得到固、液、气各种状态下样品的分子指纹信息， 被广泛用于各种样品的分析和鉴定。电化学原位拉曼光谱和电化学原位红外光谱方法是互补的分子振动光谱方法。红外光谱受溶剂吸收（尤其是水溶液体系）的影响和在低能量时（$<200\ cm^{-1}$）窗片材料吸收所限制；而拉曼光谱法，特别是表面增强拉曼光谱（SERS）具有在多种溶剂中和宽广的频率范围研究表面及其过程的能力[31, 32]。

电化学石英晶体微天平（electrochemical quartz crystal microbalance，EQCM） 这是研究电极表面过程的一种有效方法，它能同时测量电极表面质量、电流和电量随电位的变化情况，与法拉第定律结合，可定量计算每一法拉第电量所引起的电极表面质量变化，为判断电极反应机理提供丰富的信息[33-37]。

微分电化学质谱（differential electrochemical mass spectroscopy，DEMS）是连接电化学检测和离子检测之间的桥梁，可以快速跟踪对应于测量电流的质量变化。某些情况下微分电化学质谱（DEMS）也和椭圆偏振仪以及二次谐波发生器（SHIG）联合使用，DEMS 可原位检测电解质溶液中反应产物和中间体的浓度随电位的变化[38]。

除了以上检测方法，相关电催化体系中常用到的计算方法还有：密度泛函理论（density functional theory，DFT）法、蒙特卡洛（Monte Carlo，MC）法等。通过将电化学与光谱方法（FTIR、Raman、UV/Vis、XRD、SHG、SEM 等）、电子能谱（XPS、UPS/AES 等）、质谱（DEMS、EQCM）和表面显微方法（SPM、SEM、TEM 等）相结合，通过定量计算方法的相关计算，可对评价电催化剂的活性提供更丰富全面的信息，从而为从原子和分子水平认识固/液界面性质和所发生的过程提供了可能。

参 考 文 献

[1] Dai Y, Chiu L Y, Sui Y, Dai Q, Penumutchu S, Jain N, Dai L, Zorman C A, Tolbert B S, Sankaran R M, Liu C C. Talanta, 2019, 195: 46-54.

[2] Ashrafi A M, Koudelkova Z, Sedlackova E, Richtera L, Adam V. Journal of the Electrochemical Society, 2018, 165 (16): B824-B834.

[3] Gong K P, Yan Y M, Zhang M N, Su L, Xiong S X, Mao L Q. Analytical Sciences, 2005, 21 (12): 1383-1393.

[4] Imbihl R. ChemTexts, 2019, 5 (1): 18.

[5] Cardoso A R, Marques A C, Santos L, Carvalho A F, Costa F M, Martins R, Sales M G F, Fortunato E. Biosensors & Bioelectronics, 2019, 124: 167-175.

[6] Chen T, Sheng A, Hu Y, Mao D, Ning L, Zhang J. Biosensors & Bioelectronics, 2019, 124: 115-121.

[7] Gillespie P, Ladame S, O'Hare D. Analyst, 2019, 144 (1): 114-129.

[8] Jafari H, Amiri M, Abdi E, Navid S L, Bouckaert J, Jijie R, Boukherroub R, Szunerits S. Biosensors & Bioelectronics, 2019, 124: 161-166.

[9] Jaiswal S, Singh R, Singh K, Fatma S, Prasad B B. Biosensors & Bioelectronics, 2019, 124: 176-183.

[10] Mandal N, Bhattacharjee M, Chattopadhyay A, Bandyopadhyay D. Biosensors & Bioelectronics, 2019, 124: 75-81.

[11] Vishnu N, Badhulika S. Biosensors & Bioelectronics, 2019, 124: 122-128.

[12] Wang Y, Ning G, Wu Y, Wu S, Zeng B, Liu G, He X, Wang K. Biosensors & Bioelectronics, 2019, 124: 82-88.

[13] Xu M, Obodo D, Yadavalli V K. Biosensors & Bioelectronics, 2019, 124: 96-114.

[14] Yang H, Zhao J, Qiu M, Sun P, Han D, Niu L, Cui G. Biosensors & Bioelectronics, 2019, 124: 191-198.

[15] 杨辉, 卢文庆. 应用电化学. 北京: 科学出版社, 2001.

[16] Bard A J, Faulkner L R. Electochemical Methods: Foundamentals and Applications. 2nd ed., New York: John Wiley, 2001.

[17] Chen X, Oh W D, Lim T T. Chemical Engineering Journal, 2018, 354: 941-976.

[18] Majdi S, Larsson A, Hoang Philipsen M, Ewing A G. Electroanalysis, 2018, 30 (6): 999-1010.

[19] Costa Monteiro A S, Goveia D, Rotureau E, Rosa A H, Masini J C, Pinheiro J P. Quimica Nova, 2018, 41 (7): 796-809.

[20] Palecek E, Heyrovsky M, Dorcak V. Electroanalysis, 2018, 30 (7): 1259-1270.

[21] Adli N M, Zhang H, Mukherjee S, Wu G. Journal of the Electrochemical Society, 2018, 165 (15): J3130-J3147.

[22] Fukatsu A, Kondo M, Masaoka S. Coordination Chemistry Reviews, 2018, 374: 416-429.

[23] Nabae Y. Catalysts, 2018, 8 (8): 324-338.

[24] Stadler B J H, Reddy M, Basantkumar R, McGary P, Estrine E, Huang X, Sung S Y, Tan L, Zou J, Maqableh M, Shore D, Gage T, Um J, Hein M, Sharma A. Sensors, 2018, 18 (8).

[25] 董绍俊, 车广礼, 谢远武. 化学修饰电极. 北京: 科学出版社, 2003.

[26] Parameswaran V, Nagarajan E R. Journal of Nanoscience and Nanotechnology, 2019, 19 (5): 2522-2536.

[27] Caudillo-Flores U, Munoz-Batista M J, Kubacka A, Fernandez-Garcia M. Chemphotochem, 2018, 2 (9): 777-785.

[28] Chisanga M, Muhamadali H, Ellis D I, Goodacre R. Applied Spectroscopy, 2018, 72 (7): 987-1000.

[29] Lu G, Haes A J, Forbes T Z. Coordination Chemistry Reviews, 2018, 374: 314-344.

[30] Titov D V, Ignatiev N I, McGouldrick K, Wilquet V, Wilson C F. Space Science Reviews, 2018, 214 (8).

[31] Lee J H, Lee T, Choi J W. Nanomaterials, 2016, 6 (12): 224-235.

[32] Boysen R I, Schwarz L J, Nicolau D V, Hearn M T W. Journal of Separation Science, 2017, 40 (1): 314-335.

[33] Farooq U, Yang Q, Ullah M W, Wang S. Biosensors & Bioelectronics, 2018, 118: 204-216.

[34] Huang R, He N, Li Z. Biosensors & Bioelectronics, 2018, 109: 27-34.

[35] Modena M M, Chawla K, Misun P M, Hierlemann A. ACS Chemical Biology, 2018, 13 (7): 1767-1784.

[36] Pohanka M. International Journal of Electrochemical Science, 2018, 13 (12): 12000-12009.

[37] Zhang X, Cheng J, Wu L, Mei Y, Jaffrezic-Renault N, Guo Z. Talanta, 2018, 184: 93-102.

[38] Ulrih N P. Critical Reviews in Food Science and Nutrition, 2017, 57 (10): 2144-2161.

第二章 无机非金属介孔材料概述

2.1 无机非金属介孔材料简介

无机非金属材料是由无机非金属元素或化合物构成的材料。传统的无机非金属材料又称为硅酸盐材料，它主要包括陶瓷、玻璃、水泥和耐火材料四大类，而这几大类材料就其化学组成和结构来看均属于硅酸盐类。从此类材料的发展历史和应用广泛程度看，其中陶瓷材料又最具代表性，因此此类材料又简称为陶瓷材料。以上描述可以理解为“狭义无机非金属材料”定义。随着第二次世界大战的结束，世界范围内经济恢复和科学技术的高速发展，在传统硅酸盐材料技术的基础上，一大批具有各种功能（机、电、声、光、热、磁、铁电和超导等）和特性的材料相继出现，突破了传统意义上的四大类材料。一些新领域如人工晶体材料、非晶态材料、先进陶瓷材料（包括功能和结构）、无机涂层材料、碳材料、超硬材料和无机复合材料的相继涌现，逐步发展成为现今在材料科学研究前沿领域中处于活跃地位的新兴无机非金属材料科学。从其化学组成上看，除传统硅酸盐以外，这类材料还包括各种含氧酸盐、氧化物、氮化物、碳和碳化物、硼化物、氟化物、硫化物、硅、锗、ⅢB～ⅤB 族化合物以及ⅡB～ⅥB 族化合物。从结构形态上看，它们已经从传统硅酸盐类多晶体和玻璃态为主要类型发展成为单晶、多晶、非晶态、无定形等多种构型。从形貌上看，它们则包含零维粉末、一维晶须、纤维、二维薄膜到三维块体材料。从尺度上讲则从微米、亚微米发展到纳米层次。较传统的陶瓷材料等四大材料的研究，现代无机非金属材料无论从化学组成、结构形态、尺度及性能等方面的发展都得到了极大的丰富和长足的发展，进而赋予无机非金属材料这一领域以新的、更广泛的科学涵义和内容，代表着无机非金属材料已从狭义上的研究扩展为广义概念。无机非金属材料科学基础主要涉及无机非金属材料的形成规律和微观结构等相关内容，主要包括无机晶体的结构与缺陷、非晶态固体、材料表面与界面、无机非金属材料制备过程中的物质传递、相平衡、相与相之间的转变、固体与固体反应形成新的固体和粉末的烧结等。

科技的发展对无机非金属材料的发展提出了特定的性能要求，如集成化、复合化和智能化。在这种高科技背景和时代需求下，纳米材料的发展受到了研究者们的高度重视。本书以 20 世纪 90 年代初期兴起的新型纳米结构材料——无机非金属介孔材料为目标材料，介绍无机非金属介孔材料在电化学传感器中的应用。

无机非金属多孔材料是一类优异的吸附分离剂、催化剂载体、离子交换剂和微反应器。以传统的多孔材料沸石为例，这类材料已被广泛应用于化工、石油化工、气相分离等领域。随着材料科学的发展，材料科学家对多孔材料的结构、合成机理、性能的认识越来越深入，具有多种孔道结构和孔径尺寸的新型多孔材料不断问世。根据国际纯粹与应用化学联合会（IUPAC）的定义[1]，孔道尺寸小于 2 nm 的多孔材料为微孔材料，大于 50 nm 的多孔材料为大孔材料，介于 2～50 nm 的多孔材料为介孔材料。1992 年，美国美孚石油公司的科学家以表面活性剂为结构导向剂，真正合成出了 M41S 系列介孔氧化硅材料。介孔材料的出现开辟了无机材料学领域的一个重要分支。相对于传统的微孔材料沸石，介孔材料的孔径远大于沸石，除此之外，介孔材料的晶态骨架、组成和性能与沸石相比，也有许多不同之处。介孔材料拥有的迷人有序结构、超高的比表面积、尺寸均一的纳米孔道，为大分子转化、分离、微电子（光电磁微器件）、传感器等领域的发展带来了曙光。随着无机非金属材料科学的发展，介孔材料的合成种类也日渐丰富，目前已经合成的无机非金属介孔材料主要包括：介孔氧化硅、有机修饰化介孔氧化硅、杂原子掺杂介孔氧化硅、介孔非氧化硅（介孔碳、介孔非硅氧化物、介孔金属硫化物、介孔金属氮化物、介孔金属氟化物及介孔金属碳化物等）等材料。

经过 20 多年的发展，无机非金属介孔材料的相关理论、研究方法与技术得到了长足的进步，其研究和应用由原来的催化、吸附分离等传统领域，向生物、光电、传感器等高新领域扩展。为了使人们对无机非金属介孔材料的应用规律有进一步的认识，有必要对 20 多年来介孔材料在各领域的研究和应用进行梳理与总结，从而揭示结构—功能—设计合成的关系规律，使材料科学更好地服务于国计民生，为我国的科技时代奠定信息革命的基石。

2.2 无机非金属介孔材料分类

2.2.1 按照化学组成分类

按照介孔材料不同的化学组成可以将其分成硅基介孔材料和非硅基介孔材料两大类（图 2-1）。硅基介孔材料主要包括硅酸盐和硅铝酸盐等。硅基介孔材料是最早报道、研究比较成熟且应用广泛的介孔材料，主要用作催化剂的载体、吸附剂及有机大分子的分离介质。非硅基介孔材料主要包括介孔碳材料、介孔金属氧化物、介孔金属硫化物以及介孔磷酸盐等。由于它们一般存在可变价态，因此它们除了作为吸附介质、分离介质、催化剂载体作用外，还在光、电、磁等方面具有独特的应用前景。例如，介孔钛在光催化领域的应用已经非常广泛；介孔金属氧化物等非硅基介孔材料修饰电极也逐渐受到电化学工作者的青睐，用于重金属离子的检测等研究。但非硅基介孔材料的稳定性较差，孔结构经过煅烧后容易坍塌堵塞，且比表面积和孔容均较小，合成工艺也有待完善，不及硅基介孔材料的研究活跃。

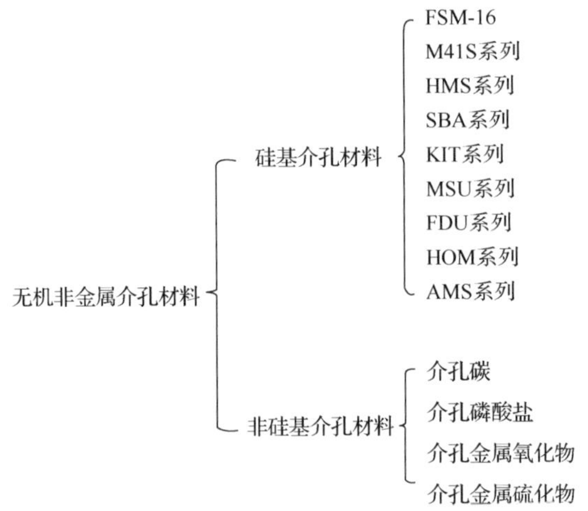

图 2-1　无机非金属介孔材料分类

2.2.2 按照介孔孔道有序程度分类

按照介孔是否有序，介孔材料可分为无序介孔材料和有序介孔材料。无序介孔材料中的孔型形状复杂、不规则并且互为连通，孔型常用墨水瓶形状来近似描述，细颈处相当于孔间通道。对于有序介孔材料，如固体 M41S 系列，孔型可分定向排列的柱形（通道）孔（如 MCM-41）、平行排列的层状孔[2]（如 MCM-50）和三维规则排列的多面体孔（三维相互连通）[3]（如 MCM-48）[4, 5]这三种类型，如图 2-2 所示。

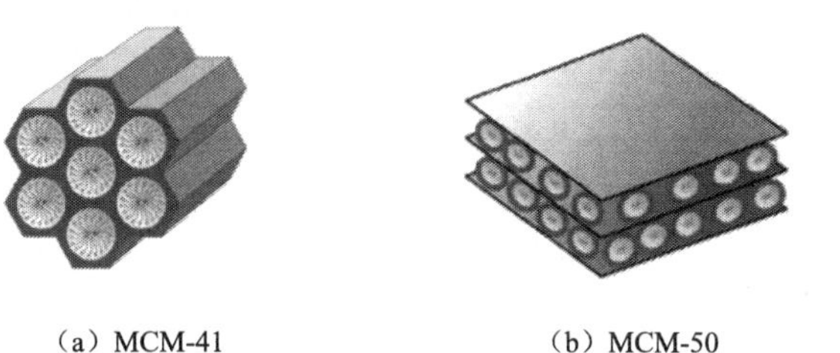

（a）MCM-41　（b）MCM-50　（c）MCM-48

图 2-2　M41S 系列介孔材料示意图[6]

2.3　无机非金属介孔材料的合成方法

介孔材料由于在多相催化、吸附分离、传感器、氢气的储存等众多领域具有广泛的应用前景，一直受到人们的广泛关注。全世界有近千个研究组开展了相关研究。自 MCM-41 与 SBA-15 等介孔材料问世以来，数十种介孔分子筛材料已经被陆续合成出来。随着材料科学的发展，介孔材料的合成获得了长足的发展与进步。按照其制备过程中所使用的模板剂的不同，介孔材料的合成方法可分为软模板（soft templating）法和硬模板（hard templating）法[7]。

2.3.1　软模板法

软模板法应用软模板剂。所谓“软”是相对于“硬”的固态物体而言的。软模板法通过软模板剂与构成介孔的无机骨架组分之间较强的相互作用，将无机组分“拉在身边”，并聚合交联形成凝固的无机骨架，从而“造出”或“复制”出与自己反相的原形，起到模板的作用。其中，软模板剂是指具有液态的“软”结构的分子或分子聚集体，如表面活性剂及其聚集体。

使用软模板法制备介孔材料的合成技术主要可分为两大类：水热合成和非水合成技术。

（一）水热合成技术

利用软模板法制备介孔材料通常采用“水热合成”技术来实现。合成过程为：先将表面活性剂等模板剂溶解在水中，得到均匀的溶液；加入无机原料或有机前驱体进行溶液化学反应，得到溶胶或凝胶；通过控制溶液的 pH、温度等因素进行“水热”处理反应，晶化；冷却至室温后，过滤、洗涤、干燥；焙烧或萃取，除去表面活性剂等有机模板剂，得到介孔分子筛材料。

在使用软模板法制备介孔材料的合成过程中，表面活性剂的选取直接影响介孔分子筛的结构、孔径、比表面积。常用于介孔合成的表面活性剂可分为阳离子、阴离子和非离子表面活性剂。其中，季铵盐类是最常用的阳离子表面活性剂，因为它具有很好的溶解性，临界胶束温度（critical micelle temperature，CMT）高，在酸性和碱性介质中都可以使用。缺点是，季铵盐类表面活性剂有毒并且价格较贵。阴离子表面活性剂包括羧酸、硫酸、磺酸、磷酸盐、谷氨酸系/丙氨酸系/甘氨酸系等，是品种丰富的一类表面活性剂。非离子表面活性剂则包括长链烷烃类环氧乙烯醚和长链苯酸类环氧乙烯醚、聚环氧乙烷—聚环氧丙烷嵌段共聚物表面活性剂等，具有化学结构丰富、价廉、无毒、可生物降解等优点。

（二）非水合成技术

介孔分子筛的合成一般是在溶液中通过溶液化学反应得到的。水是合成介孔材料最常见的溶剂和介质。然而，近年来，除了水之外的非水合成技术也得到了一定的发展。例如，其他与水相似的极性较强的溶剂，如甲酰胺、二甲基甲酰胺（DMF）等，也被作为溶剂用于介孔分子筛材料的合成。此外，利用其他极性较弱的有机溶剂，使用溶剂挥发诱导自组装（evaporation-induced self assembly，EISA）的方法也可实现介孔材料的制备。EISA 方法是指将挥发性非水溶剂缓慢挥发，在此过程中，使模板和前驱物浓度不断增大而实现从溶液相到液晶相的转变，经干燥交联之后将液晶相固定下来，从而得到有序介观结构的方法。

EISA 法与水相反应最大不同在于无须经过分相沉淀，从而更容易对前驱物的溶胶—凝胶过程进行控制。这种非水相合成的方法，后来发展到被广泛用于非硅基材料的合成。

2.3.2　硬模板法

硬模板法是指所用的模板剂结构已经固定，呈聚集态。在合成过程中，其结构相对较“硬”，不发生变化或者变形。此类模板剂一般指固体材料，如介孔氧化硅分子筛材料等。该方法使用预先制备好的多孔材料作为模板，通过在原模板主体孔道中填充客体前驱物，通过限制空间引导材料的生长，经原位转化而获得反相复制结构的方法。该方法适用于制备那些通过“软模板法”无法得到的介孔材料。该制备方法的缺点在于前驱物很难在硬模板的纳米孔道中完全填满，从而影响了产物介观结构的有序性。例如：当以纳米浇铸合成技术制备介孔材料时，会出现介孔材料产率很低的情况，一般低于 20%（以前驱物的转化率计算）；此外，由于介孔孔道中较低的浇铸比例（约为 10%），纳米浇铸的产物粒径一般会变小，也会导致机械强度的降低，以及纳米浇铸产物 X 射线衍射（XRD）峰强度的减弱。

“纳米浇铸”合成技术。纳米浇铸法是指将流体（液体甚至气体）前驱物灌进硬模板的纳米级孔道中，通过纳米结构的限制作用，将前驱物转化为反相模板形貌和结构的目标材料，最后除去模板的过程。选择硬模板合成介孔材料通常需要满足以下几个方面以达到准确复制模板的效果：首先，无机材料的前驱体要能够润湿孔道管壁，从而达到很好的填充；其次，沉积反应速率要适中的控制，过快的沉积速率将导致孔道堵塞；再次，模板要在一系列灌注过程中保持稳定的介观结构，并且沉积完成后，能被选择性地去除，以得到反相目标产物。纳米浇铸被认为是一种真正可以定量设计的合成方法。

纳米浇铸法的局限性在于：可选择作为纳米浇铸的硬模板的种类比软模板要少得多；硬模板的应用使合成成本昂贵，难以工业化，且合成过程烦琐、耗时；同时，由于硬模板的壁厚很难控制，因此，纳米浇铸产物还存在着产物孔径难以调控等问题。通常，复制产物的孔径分布比其硬模板的壁厚宽很多。

根据硬模板的孔道结构，可以将硬模板分为三大类：

二维孔道模板。常用的硬模板如 MCM-41、SBA-3 和 SBA-15 都具有二维介孔孔道结构，对应的纳米浇铸产物通常是不连续且分散的纳米棒或纳米管。

空穴形孔道模板。常见的 SBA-1、SBA-2、SBA-16、FDU-1、FDU-12、FDU-16、KIT-5 等有序介孔二氧化硅模板的孔道都属于这种类型。以具有空穴形孔道的介孔氧化硅材料为模板，合成得到的反相材料理论上也应该是孤立、分散的球形纳米粒子。但实际上，这些空穴形孔道之间在某些确定的方向上基本都存在相互连通的孔道，起到连接各个纳米小球的作用。模板脱除之后，反相材料仍然能保持模板的介观有序性。

三维螺旋孔道模板。常见的 MCM-48、KIT-6 和 FDU-5 就属于这类材料。这类材料的孔道结构比较特殊，可以形成两套互不连通的、各自独立、贯穿整个颗粒的三维螺旋连续分叉孔道。

2.4　介孔材料的形成机理

2.4.1　液晶模板机理

关于介孔材料的形成机理，美孚公司的研究者们最早提出了液晶模板（liquid-crystal templating，LCT）机理。相关理论包括：①表面活性剂由于其各向异性在水溶液中首先形成胶束，进一步形成胶棒（棒状胶束），这些胶棒再组装成六方结构的液晶相。无机氧化硅物种可以在这种表面活性剂液晶相周围水解、交联，从而形成具有六方液晶相结构的氧化硅—表面活性剂组成的有机—无机复合材料。焙烧除去表面活性剂后，就得到了有序介孔氧化硅分子筛材料。②表面活性剂可以与无机氧化硅物种相互作用，形成有机—无机的胶束结构。这种作用进一步促成氧化硅—表面活性剂复合的胶棒。这些胶棒在水热条件下，再进一步组装成六方结构的氧化硅—表面活性剂介观结构。

这种形成机理借鉴了表面活性剂的液晶形成过程，所以叫做液晶模板机理。然而液晶模板机理没有解释有机表面活性剂物种与无机氧化硅物种是通过什么力，以及如何相互作用的。而且在实际介孔材料的合成中，可用上述的液晶模板机理解释的实验现象非常有限，按真正的“模板路线”设计合成介孔材料实际上是非常困难的。

2.4.2　协同组装机理

在液晶模板机理提出后，研究者们还提出了多种可能的机理来解释这种介观结构形成的详细过程，包括棒状胶束（rod micelle）、层折叠（folding sheets）、层褶皱（layer puckering）、电荷密度匹配（charge density matching）等，但它们均具有较大的局限性，仅适用于某些特定情况。最具有代表性和普适性的合成机理是Stucky 课题组提出的协同作用机理（cooperative formation mechanism）。

Stucky 等认为介孔分子筛的介观结构是无机物种与有机表面活性剂分子的协同合作、共同组装的结果，即所谓“协同组装”机理。该机理的主要内容是：体系加入无机反应物之后，表面活性剂胶束和无机物种相互作用形成液晶相。这种相互作用表现为胶束加速无机物种的缩聚过程以及无机物种的缩聚反应对胶束形成类液晶相结构有序体的促进作用。协同作用机理对有机表面活性剂与无机前驱体的自组装作了较为全面的阐述，具有一定的普遍性，可以较完美地解释许多实验现象，尤其可以解释有些表面活性剂相图中不存在的介观结构的形成。以介孔硅的合成为例，首先是多聚硅酸盐阴离子与表面活性剂阳离子发生相互作用，在界面区域的硅酸盐聚合改变了无机层的电荷密度，使得表面活性剂的长链相互接近，无机物种和有机物种之间的电荷密度匹配控制了表面活性剂的排列方式。因此，预先有序的有机表面活性剂的排列不是必需的，但它们可能参与反应。反应的进行将改变无机层的电荷密度，整个无机和有机组成的固相也随之而改变。最终的物相则由反应进行的程度（无机部分的聚合程度）和表面活性剂的排列情况而定。Stucky 等提出的协同组装机理经过不断地完善，成为人们较普遍接受的合成机理，在一定程度能够对介孔材料的合成起到指导作用。

2.5 介孔材料的表征方法

由于介孔分子筛孔道的有序性、孔壁的无序性及特别大的晶胞参数，其结构检测方法在许多方面与通常的晶体（原子晶体）结构表征的检测方法有所不同。本节介绍在介孔分子筛结构表征和鉴定上应用最多的几种实验技术，即 X 射线衍射分析、透射电子显微镜分析和气体吸附法。

2.5.1 X 射线衍射分析

X 射线衍射（X ray diffraction，XRD）分析是利用 X 射线在晶体物质中的衍射效应进行物质结构分析的技术。每一种结晶物质，都有其特定的晶体结构，包括点阵类型、晶面间距等参数，用具有足够能量的 X 射线照射试样，试样中的物质受激发，会产生二次荧光 X 射线（标志 X 射线），晶体的晶面反射遵循布拉格定律。通过测定衍射角位置（峰位）可以进行化合物的定性分析，测定谱线的积分强度（峰强度）可以进行定量分析，而测定谱线强度随角度的变化关系可进行晶粒的大小和形状的检测。

XRD 是研究晶体材料的长程周期性结构最有效的方法。因为不同物质的晶体结构都有自己独特的 X 射线衍射图，而且不会因为与其他物质混合在一起而发生变化。

如图 2-3 所示，晶体中的周期性有序排列的原子可以被抽象成空间点阵，当波长为λ的 X 射线入射到任一点阵平面上，在这一点阵平面上各个点阵的散射波入射角与反射角相等。入射角、反射角和晶面法线在同一平面上，X 射线的入射点与点阵平面的交角为θ角，当满足 Bragg 方程的关系时，由于各个点阵面的散射波的光程差为波长的整数倍，它们的位相角都相同，散射波经叠加后相互加强，从而产生衍射。

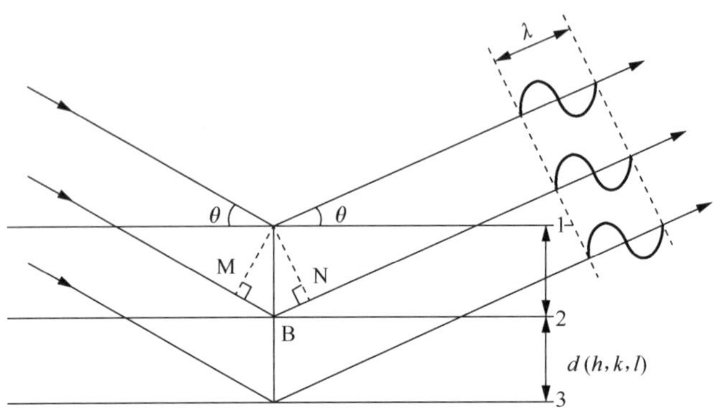

图 2-3　Bragg 方程示意图

Bragg 方程：
$$2d_{hkl}\sin\theta = n\lambda \tag{2-1}$$

式中，d_{hkl}为晶面间距，h，k，l称为衍射指标，与 h、k、l 相对应的衍射角为θ，在同一组点阵平面上可以产生 n 级衍射。整数 n 为衍射级数，例如，$n=1$表示晶面的一级反射，$n=m$ 表示晶面的 m 级反射。

由 Bragg 方程可知，将实验测得的2θ进行换算得到d_{hkl}，d_{hkl}与晶胞参数间存在确定关系。晶体的每一衍射都必然和一组间距为 d 的晶面组相联系：

$$d = \frac{n\lambda}{\sin\theta} \tag{2-2}$$

目前，得到的大多数介孔材料中的原子排列大多是无序的，XRD 的产生是基于介孔孔道的有序性。由于它们的晶胞参数很大，XRD 衍射峰的衍射角一般都很小。通常在 0.6°～7°，测试时间在 20 分钟以上。

对于具有规则孔道结构的有序介孔材料 MCM-41，Kruk[7]提出由 XRD 图谱中 d_{100}计算孔径，如式（2-3）所示：

$$w = cd_{100}\left(\frac{\rho V_p}{1+\rho V_p}\right)^{1/2} \tag{2-3}$$

其中：w 为孔径；c 为几何结构因子，$c=\sqrt{8/(3^{1/2}\pi)}=1.213$（圆孔时为 1.213，六角形孔为 1.155）；d_{100} 为（100）面的面间距；ρ 为孔壁的密度，$\rho=2.2\ \text{g/cm}^3$，V_p 为单位质量的介孔孔容。

介孔的壁厚可表示为 $b_{\text{d}}=a_0-w_{\text{d}}$，$a_0$ 为晶胞参数，对于含有微孔的有序介孔材料，Kruk 提出了如下计算孔径的公式[8]：

$$w=1.05a\left(\frac{V_p}{1/\rho+V_p+V_{\text{mi}}}\right)^{1/2} \quad (2\text{-}4)$$

其中：V_{mi} 为单位质量的介孔孔容。

目前，国内出版的相关书籍也有关于 XRD 在介孔材料表征方面的相关内容介绍，如《纳米材料的 X 射线分析》一书的第 11 章[9]、《X 射线衍射技术及其应用》一书中第 13 章内容[10]。

2.5.2　透射电子显微分析

电子显微分析是表征介孔空间结构、周期性、孔道形貌、材料粒子外貌等结构最强有力的分析方法[7]。其中，电子显微镜以高能电子束作为探针，通过电子束与样品的作用，产生被检测样品结构和化学成分的各种信息。入射电子束和固态样品的强作用会产生不少于 10 种的不同能量形式，如背散射电子、二次电子、X 射线、被吸收电子、透射电子、能量损失电子、非弹性散射电子、弹性散射电子、电子激发荧光、俄歇电子等。其中，背散射电子和二次电子被用于扫描电子显微镜；X 射线能谱分析通过收集特征 X 射线来分析样品的化学成分；透射电子和两种散射电子则是选区电子衍射和透射电子显微成像的主要信息来源。

利用电子显微镜研究介孔分子筛的技术手段主要有透射电子显微镜、选区电子衍射、电子显微镜、扫描电子显微镜等。这里主要介绍透射电子显微镜。

透射电子显微镜（transmission electron microscope，TEM）成像原理与光学显微镜相似，但可以看到在光学显微镜下无法看清的小于 0.2 μm 的细微结构，这些结构称为亚显微结构或超微结构。要想看清这些结构，就必须选择波长更短的光源，以提高显微镜的分辨率。1932 年 Ruska 发明了以电子束为光源的透射电子显微镜，电子束的波长要比可见光和紫外光短得多，并且电子束的波长与发射电子束的电压平方根成反比，也就是说电压越高波长越短。目前 TEM 的分辨力可达 0.2 nm。

由于 TEM 电子束的波长非常短，像的分辨率比光学显微镜要高得多。例如，在 200 kV 电压加速后的电子，根据包含相对论校正的计算方程进行计算：

$$\lambda=\frac{h}{\sqrt{2m_0eV_r}}=\frac{h}{\sqrt{2m_0eV_0\left(1+\frac{eV_0}{2m_0c^2}\right)}} \tag{2-5}$$

方程中，h 是普朗克常量；m_0 是电子的静止质量；e 为电子电荷；V_0 为加速电压；c 是光速。据此方程可得，其波长是 0.00 251 nm。电镜的点分辨率 V_r 在物镜的欠焦量 $\Delta F=-BA^{1/2}C_S{}^{1/2}$ 时可表达为

$$V_r=A\lambda^{3/4}C_S^{1/4} \tag{2-6}$$

式中，A 和 B 为大于零的常数；C_S 为物镜的球差系数，对于一种电镜的极靴是一个固定值。因此，减小电子束波长是提高分辨率的主要途径。一般来说，提高电镜的加速电压可以缩短电子束的波长，提高电镜的分辨率。

高分辨透射电子显微镜（high resolution TEM，HRTEM）能对固体的精细结构直接成像。HRTEM 的分辨率通过不同的方法正不断被改进，目前已经小于 0.2 nm。之所以 HRTEM 的分辨率高于普通的 TEM，取决于 HRTEM 像的衬度，即何处亮、何处暗。

电子显微像的衬度主要形成于：①质量厚度衬度（mass-thickness contrast）。质量厚度大的样品，区域电子的散射角比较大，相应地通过光阑对成像做贡献的电子数较少，在 TEM 像上产生比较暗的区域。这个机理在低倍数成像时占主导地位。选择小的物镜光阑和低的加速电压有利于增加像衬度。②衍射衬度（diffraction contrast）。例如，对于畴界结构（domain structure），即使样品各个区域的质量和厚度完全一样，也可能由于晶体取向的不同，产生不完全相同的电子衍射。这样，通过光阑的衍射电子束可能具有不同的数量和强度，导致像衬度的不同。减小物镜光阑也可以提高像的衬度。③相位衬度（phase contrast）。产生于入射电子与原子的相互作用，由于电子波的相位发生变化而产生的像衬度。相位衬度受透镜的聚焦量影响很大，这是高放大倍数 HRTEM 像形成的主要原因。

此外，在透射电子显微镜分析的操作过程中，还涉及样品的制备问题。

用于 TEM 分析的介孔分子筛样品的制备方法有很多，一般说来，由于介孔材料通常颗粒很小，无需研磨。首先，将样品在丙酮或酒精中分散（其中，丙酮更为常用，这是由于表面活性剂更容易溶解在酒精中，使得酒精对某些介孔材料尤其是未焙烧的新鲜样品结构有较大的破坏作用），然后将悬浮液滴放在有多孔碳膜的微栅上。待干燥后，插入电子显微镜。除此之外，制备 TEM 样品的方法还

有包埋法，即将样品先用环氧树脂包埋，再用金刚石刀具切片。如果样品切片后太厚，可以进行离子减薄。这种方法适用于介孔薄膜材料和一些有特殊孔道取向的样品，对粉末样品一般无需这样做。

在 TEM 分析中，样品的稳定性是需要注意的问题。对于大多数介孔分子筛来说，如果介孔分子筛中含有未干燥的水分，在电子束下样品是不稳定的，因为在高真空、高能电子轰击下，样品中的水会逐步挥发，引起样品的振动，甚至使介孔分子筛结构分解。

此外，样品在电子束下的稳定性还取决于样品的孔壁厚和密度。一般焙烧后的样品比新合成的、带有表面活性剂模板剂的样品要稳定的多。在分析过程中，当样品的放大倍数仅在 24 000～120 000 时，可以做到在不破坏分子筛结构的条件下获得高质量的 TEM 像。但是，当需要进行孔壁的精细结构的显微分析时，则必须用高倍数和高分辨率。这种情况下对样品的稳定性就有一定的要求。

在 TEM 成像时，一般来说，样品的结构像是在欠焦（defocus）的条件下得到的。对应于孔道的是白色的斑点，黑色的网络是骨架。这时，如果我们把聚焦量从欠焦改变成过焦（overfocus），像的衬度会反转，孔道的像变成了黑色，而骨架的位置换成了白色的网络。欠焦时，粒的边缘看到亮的菲涅耳条纹；当过焦时，看到暗的菲涅耳条纹。而且，条纹的宽度随欠焦量（或过焦量）的增加而增加。

2.5.3　气体吸附法

利用惰性气体的物理吸附是表征多孔材料最重要、最有效的方法之一[11]。通常采用它可以测定多孔材料的比表面积、孔体积和孔径分布情况，以及进行表面性质的研究。孔道结构的类型和相关性质则可以通过吸附特征曲线来表征[12]。

（一）吸附等温线

吸附等温线类型共包括 6 种，如图 2-4（a）所示。

Ⅰ型等温线在低压段存在一个明显的增加，随后达到饱和。适用于化学吸附、无孔均一表面的单分子层吸附或微孔吸附剂的容积填充机制。有时有机功能化介孔材料的 N_2 吸附等温曲线也会表现为Ⅰ型。这是因为有机官能团的存在，会缩小介孔材料孔径，使其达到微孔范围。

Ⅱ型等温线适用于大孔或无孔均一固体表面的多分子层吸附。由于吸附剂表面的吸附空间没有限制，随着相对压力的升高吸附由单分子层向多分子层过渡。

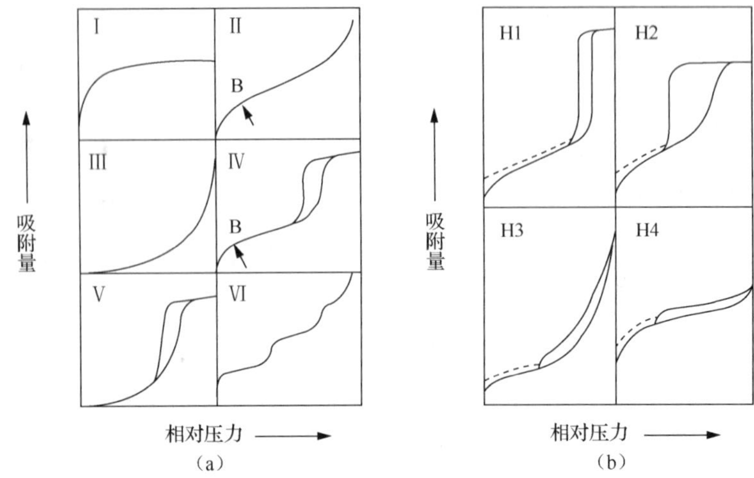

图 2-4　不种类型的吸附特征曲线。(a) 吸附等温线分类；(b) 滞留回线分类

Ⅲ型等温线适用于大孔或无孔吸附剂的多分子层吸附，但吸附质与吸附剂分子之间相互作用较弱，第一层分子吸附热小于以后各层分子吸附热。如水分子在疏水性介孔材料中的吸附。

Ⅳ型适用于介孔吸附剂，吸附剂机理为多层吸附后紧接着吸附量急剧增加的毛细凝聚。毛细管凝结段的吸附量变化越陡峭，表明孔径分布越均匀，由于吸附过程和脱附过程的 Kelvin 半径不一样，使得两个过程不能完全重合，称为滞留回线。

Ⅴ型适用于介孔或微孔吸附剂，且吸附质与吸附剂分子之间相互作用较弱，同Ⅳ型等温线一样，由于有介孔存在，所以有滞留回线。

Ⅵ型等温线又称作阶梯状等温线，来源于均匀非孔表面的依次多层吸附，如 Ar、Kr、Xe 等在能量均匀的吸附剂表面的吸附。

（二）吸附—脱附滞留回线

除了从吸附等温线的类型中可以分析介孔材料的孔结构信息，吸附—脱附滞留回线也能够提供一些孔道相关信息。滞留回线的出现目前原因还不是十分清楚。目前将原因归结为迟滞作用，认为迟滞作用是由于孔的连通效应导致的，滞留回线的形状本身被简单地解释成孔穴的几何效应。IUPAC 按形状将滞留回线分为 4 类——H1、H2、H3、H4，如图 2-4（b）所示。

H1 型滞留回线的吸附和脱附分支在毛细管凝结段展示出平行和几乎直的滞

留回线，被认为是由孔尺寸高度均一和形状规则的简单连通孔造成的，常见的孔结构有孔径均一分布较窄的圆柱形的独立细长孔，以及大小均一的球形粒子堆积而成的孔。

由于发生毛细冷凝现象，H2 型滞留回线为三角形，在发生毛细冷凝现象时，吸附曲线（右线）逐渐上升，而突然下降的脱附曲线（左线）几乎直立，吸附质突然脱附，空出孔穴，相应的孔结构常常归因于墨水瓶孔（口小腔大）。根据 Kelvin 定律，越小孔径中的气体在越低的压力下越易发生毛细凝聚，对于这种口小腔大的瓶状孔，吸附时凝聚在孔口的液体为孔体的吸附和凝聚提供蒸气，而脱附时则挡住孔体蒸发出的气体，必须等到孔口的液体蒸发汽化后开始脱附。也就是说，吸附线体现的是孔腔处的情况，而脱附线体现的是孔颈处的特征。

H3 型滞留回线是在接近饱和蒸气压的时候，也无法达到吸附饱和，对应于片状颗粒聚集形成的平行的大孔道所致。

H4 型滞留回线吸附和脱附分支水平且互相平行，对应于形状和尺寸均匀的狭缝状孔。近年来发现，在小孔径介孔材料出现缺陷时，也可表现为 H4 型滞留回线。

（三）比表面积

目前，多孔材料比表面积通常都是通过 Brunauer-Emmett-Teller（BET）吸附方法来确定的。尽管 BET 方程最初是用来描述无孔粉末材料的吸附行为，在理论方面也存在一些缺陷，但其已经成为确定多孔材料，尤其是介孔材料比表面积最为经典的方法，为大多数介孔材料研究工作者所接受。

BET 方程的一种表达式为：

$$n/n_s = \frac{CP}{(P_0 - P)\left[1 + (C-1)(P/P_0)\right]} \tag{2-7}$$

式中，n 为吸附量，n_s 为饱和吸量；P_0 为饱和蒸气压，P 为吸附压力；C 为常数。

将式（2-7）进行代数变换得：

$$\frac{(P/P_0)}{n(1-P/P_0)} = \frac{1}{n_s C} + \frac{C-1}{n_s C}(P/P_0) \tag{2-8}$$

由 $\frac{(P/P_0)}{n(1-P/P_0)}$ 对 (P/P_0) 作图，一般在 0.05～0.35 之间呈线性关系，利用线性拟合的斜率和截距，即可求出饱和吸附量 n_s。由饱和吸附量可以求出比表面积，其计算公式如下

$$S = 6.023 \times 10^{23} n_s \delta \tag{2-9}$$

式中，S 为比表面积；δ 为分子的截面积，通常认为 77 K 时氮气分子的截面积为 $1.62\times10^{-20}\,\mathrm{m}^2$。

BET 理论假定固体表面是均匀的，同一层分子之间没有相互作用力，从第二层开始的吸附类似于液化过程。理想化假设使其适用范围受到限制。在 BET 方程使用中需要注意几个问题，如：材料的表面实际不像 BET 模型中想象的那样平滑。当粗糙度小于吸附分子，或与吸附分子相当时，气体分子无法吸附。此时不能用 BET 方法计算材料的比表面积。此外，孔道的几何形状也会对计算有影响，对于某些形状（如圆柱形）孔道材料，其比表面积计算存在低估率。

（四）孔径分析

计算介孔材料的孔径及其分布的方法很多。研究者们在这方面做了大量的工作，建立了许多计算方法，如 BJH 法、HK 法、BDB 法等。孔径的计算方法一般都是建立在 Kelvin 方程基础之上的。

由于表面张力作用，在介孔内吸附时就会发生毛细凝聚现象，当相对压力达到 1 时，所有孔都被填充满，并且在一切表面上都开始发生凝聚。相反，随着气体相对压力由 1 逐渐降低，半径由大到小依次蒸发出孔中凝聚液。

开始发生蒸发的孔，其孔半径 r_m 与对应的相对压力之间满足 Kelvin 方程：

$$\ln\frac{P_\mathrm{D}}{P_0}=-\frac{2\gamma V_\mathrm{L}}{RT}\frac{1}{r_\mathrm{m}} \tag{2-10}$$

式中，P_0 是饱和蒸气压，P_D 是实际蒸气压；γ 为凝聚液表面张力；V_L 为凝聚液摩尔体积；R 是通用气体常数；T 是温度。吸附压力达到饱和蒸气压时，$r_\mathrm{m}\to+\infty$。在计算过程中，认为吸附相为不可压缩流体。假定凝聚液表面张力和密度与主体液相相同，以氮气为吸附质，在液氮温度下达到平衡时有：$\gamma=8.85$ mN/m，V_L 为 34.65 mL/mol。

在脱附过程中，凝聚液已蒸发到孔壁上，但仍然吸附着一定厚度的吸附质分子，吸附层厚度与相对压力 P/P_0 有着紧密的关系。实际孔半径 r_p 与孔半径 r_m 之间有如下关系：

$$r_\mathrm{p}=r_\mathrm{m}\cos\phi+t \tag{2-11}$$

式中，ϕ 为接触角，通常认为 77 K 时氮气与吸附剂表面接触角 $\phi=0$。

当以毛细凝结吸附等温线时，吸附膜—气相间圆柱界面的 Kelvin 方程转变为：

$$\ln\frac{P_\mathrm{A}}{P_0}=-\frac{\gamma V_\mathrm{L}}{RT}\frac{1}{r_\mathrm{m}} \tag{2-12}$$

基于 Kelvin 方程计算孔径分布的方法很多。最初在 Foster 于 1932 年的研究中，由于缺少计算吸附层厚度理论，从而忽略了吸附层厚度变化带来的影响。这在计算较小尺寸孔径时就会带来较大的误差。实际上当平衡压力由 P_1 降至 P_2 时，吸附量的降低来自两方面：一方面是对应孔径中凝聚液的蒸发；另一方面是没有发生凝聚孔壁上吸附层厚度的减薄。

用 Kelvin 方程计算孔径大小时，对于孔的形状必须给出一个假定，因为不同形状的孔其曲率半径与相对压力之间的关系不同。在各种经典的计算孔分布的方法中，BJH 是最通用的方法。此外，BDB 法和 KJS 法也是孔径分布应用比较多的方法。

BJH（Barrett-Joyner-Halenda）法。BJH 方法有如下的几条假设：①孔为坚固的圆柱状；②半球形液面与吸附膜的接触角为 0°；③ Kelvin 方程适用于整个计算过程；④对于多分子层厚度能够进行准确校正。

在孔发生毛细凝聚以前，对于未充满凝聚液的孔来说，Halsey[13]，Harkins 和 Jura[14]分别提出关于壁面上吸附层厚度 t 与相对压力 P/P_0 的经验方程：

$$t = t_{\mathrm{m}}\left(\frac{-5}{\ln(P/P_0)}\right)^{1/3} \tag{2-13}$$

式中：t_{m} 为单分子层厚度。

$$t = \left(\frac{13.99}{0.34 - \lg(P/P_0)}\right)^{1/2} \tag{2-14}$$

BJH 孔径分布一般由 77 K 氮气脱附等温线数据，通过吸附层厚度公式（式（2-13）或式（2-14））和 Kelvin 方程进行计算。当分析的孔径为结构相同的介孔材料间的比较时，BJH 是可取的。而实际研究表明，用 BJH 模型算出的孔径往往与真实的孔径大小有较大出入。当孔径尺寸较小时（<5 nm），孔径尺寸被低估 20%以上。因此，很多研究者认为，BJH 法的物理模型需要进一步的修正。

参 考 文 献

[1] Soler-Illia G J A A, Sanchez C. New Journal of Chemistry, 2000, 24: 493-499.

[2] Xie X, Zhou D, Zheng X, Huang W, Wu K. Analytical Letters, 2009, 42 (4): 678-688.

[3] Díaz I, Pérez-Pariente J, Terasaki O. Journal of Materials Chemistry A, 2004, 14 (1): 48-53.

[4] Kim Y, Kim S, Park Y K, Kim J M, Ki J J. Journal of Korea Society of Waste Management, 2005, 22 (6): 556-562.

[5] Chen P K, Lai N C, Ho C H, Hu Y W, Lee J F, Yang C M. Chemistry of Materials, 2013, 25 (21): 4269-4277.

[6] Hoffmann F, Cornelius M, Morell J, Froba M. Angewandte Chemie-International Edition, 2006, 45 (20): 3216-3251.

[7] Kruk M, Jaroniec M, Sang H J, et al. The Journal of Physical Chemistry B, 2003, 107: 57-66.

[8] Kruk M, Jaroniec M. The Journal of Physical Chemistry B, 1997, 101:583-9.

[9] 程国峰, 杨传铮, 黄月鸿. 纳米材料的 X 射线分析. 北京：化学工业出版社，2010.

[10] 姜传海, 杨传铮. X 射线衍射技术及其应用. 上海：华东理工大学出版社，2010.

[11] 赵东元, 万颖, 周午纵. 有序介孔分子筛材料//刘剑波. 结构表征与鉴定方法. 北京：高等教育出版社, 2012: 136.

[12] 刘玉荣. 介孔碳材料的合成及应用. 北京：国防工业出版社, 2012.

[13] Halsey G D. The Journal of Chemical Physics, 1948, 16 (10): 931-937.

[14] Harkins W D, Jura G. Journal of the American Chemical Society, 1944, 66 (8): 1366-1373.

第三章　应用于电化学传感器研究中的介孔材料介绍

目前，将介孔材料应用于电化学传感器领域的研究发展迅速（在 Web of Science 中键入主题“介孔”和“电极”，可得到 2007～2017 年期间段的参考文献约 10 000 篇）。如图 3-1 所示，文章数量随着时间呈明显的增长趋势。介孔材料主要有硅基介孔材料（硅酸盐和硅铝酸盐等）和非硅基介孔材料（介孔碳材料、介孔金属氧化物、介孔金属硫化物及介孔磷酸盐等）。根据上述文献检索结果可知，与电化学有关的介孔材料应用研究主要集中在二氧化硅和二氧化硅基有机—无机杂化物、非硅基金属氧化物和介孔碳这几种材料上*。

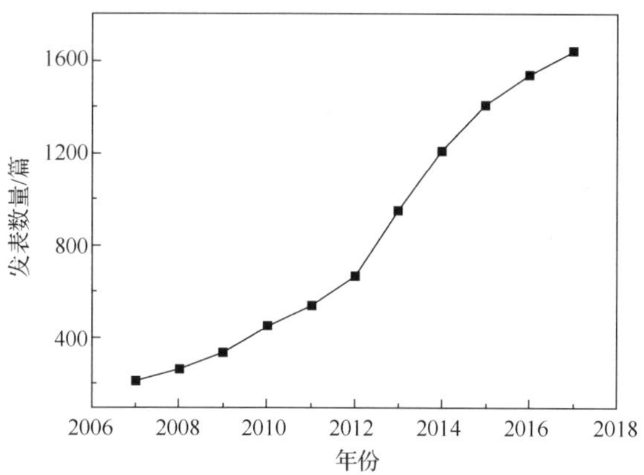

图 3-1　介孔材料在电化学相关研究中发表文章数量随年份的变化

3.1　硅基介孔材料及硅基有机—无机杂化介孔材料

硅基介孔材料是一种具有一定机械强度、很大比表面积、通过 SiO_4 四面体彼

* 本章内容围绕应用于电化学传感器中的主要介孔材料进行介绍。目前为止，书中所涉及的介孔材料属于介孔材料家族的一部分而非全部。

此互联的开放三维孔结构的固体材料。它们中的大多数可以在室温下通过溶胶—凝胶法制得，该方法通常包括硅醇前体（四甲氧基硅烷或四乙氧基硅烷）水解，然后催化缩聚生成硅氧键相连的大分子网络的过程。规模不断发展壮大的硅酸盐队伍，其结构的丰富就是经过在不断聚合、凝结、老化、干燥和加热这些步骤中，通过调控实验参数，最终实现对材料的微观结构的控制[1-3]。

使用不同的离子、非离子表面活性剂或水溶性聚合物为软模板，可制备得到单分散性良好、孔径尺寸范围介于 2～10 nm 的有序介孔硅[4-6]。通常制备得到的材料都属于二维和三维结构，除此之外，还包括一些层状结构及一些有序性较差的结构（如蠕虫状）[3]。应用于电化学研究的最常见的有序介孔硅有：小孔结构的六方相 MCM-41[7-28]和立方相 MCM-48（MCM=Mobil Composition of Matter）[29]，大孔结构的六方相 SBA-15 和立方结构的 SBA-16（SBA=Santa Barbara Amorphous）[30-83]，以及 HMS（六方相介孔硅）[84, 85]、MSU（MSU=Michigan State University，密歇根州立大学，以此命名）[86-89]等。其中，具有双孔径（甚至三孔径）的无序介孔硅在电化学生物传感器研究中也有少量应用[90]。除了有序介孔硅，无序介孔硅在电化学传感器中的应用也占据了一定的比例。在本书的介绍中，提供了以无序介孔硅 MCF 为基底，制备相应修饰电极并将其应用于电化学传感器的研究实例[91]。

介孔硅材料的形貌可以通过调变实验条件进行调控。介孔硅粉末态样品通常由大量溶胶经过凝胶化过程制得，其中颗粒大小与形状可以通过控制实验条件来适当调节。而制备具有可控介孔结构和孔径大小的介孔材料，通常使用的是挥发诱导自组装（EISA）法[92-94]。EISA 是指溶液在固体或液体表面挥发，诱导分子或纳米粒子等通过自组装方式，形成一维纳米材料或有序结构的方法。与大块溶胶的凝胶化过程不同，EISA 法就是在一个稀释的溶胶体系中，随着溶剂的蒸发驱动硅前体围绕着超分子模板进行缩聚，从而形成介孔结构的过程。小心控制溶胶的组分、模板的性质，以及后处理时的温度和湿度，就可以得到对称性不同的介孔结构（立方体的、六方相的、双重螺旋、斜方六面体结构等）[94]。

使用硬模板（如纳米或微球）还可将该方法扩展至有序大孔薄膜[95]甚至多孔径材料[96]的制备。这种刚性三维多尺度多孔网络结构具有孔径尺寸可调性、孔道间的连通性、高的比表面积及可浸润性等特点，因此可以将其置于固体平面表面（如电极表面）来制备介孔材料，这种方法能够有效改变电极的界面性能，有望对物质在电极/溶液界面的有效运输提供条件。

此外，有机官能化介孔硅材料可以精确地控制材料的结构，特别是化学性质，这对于扩展介孔材料的应用范围具有突破性意义。获得有机—无机杂化介孔材料的简单方法是将有机物组分直接吸附到介孔硅表面（通过弱化学键）。除此之外，还可通过有机杂化的方法，即利用强共价键将有机组分固载到无机介孔材料上。这种方法的优势在于，在溶液中使用该材料时，可有效避免有机组分的浸出。其中，使用有机杂化的方法制备有机—无机硅基介孔材料的合成途径主要有两种，即两步嫁接法（后修饰法）和一步自组装共缩聚法（直接合成法）。

两步嫁接法　这是将功能性基团引入到已经合成好的介孔材料中，可以在结构导向剂去除前或者去除后引入，客体基团主要修饰在孔道当中。使用两步嫁接法可以在最大量引入客体基团的同时，保持原有的有序介观骨架结构。同时，也可以为介孔材料不同部位的修饰提供可能性，比如特定地修饰在材料的外表面、孔道内表面或者孔口处。另外，跟直接合成法不同的是，该方法不用考虑与前驱物或表面活性剂之间的作用与组装，因此可以更容易地引入更为丰富的客体分子。在介孔硅进行有机官能化时，该方法通常在含有硅烷偶联剂的有机溶剂中通过回流来完成。在嫁接之前，待嫁接的介孔硅需要干燥，避免残存水的存在导致硅烷偶联剂在远离介孔硅壁的地方发生自缩聚。

此外，还有一个有趣的方法叫做“水控涂层”法，该方法通过使用水在介孔通道的内表面上形成单层，从而使有机化官能团即有机硅烷层能够在介孔孔道的内表面上通过自组装形成单层，如巯基丙基官能化固体的例子。

一步自组装共缩聚法　该方法是指在合成的初始阶段，将引入的客体前驱物混合在骨架前驱物中，使其一起与表面活性剂共组装形成有序的介观结构，在后处理的过程中，客体前驱物大多在骨架主体中完成最终客体引入元素的转化，从而得到功能化的有序介孔材料的方法。该方法首创于 1996 年，分别由两个独立的工作组报道出来，研究者们在模板存在条件下，通过四烷氧基硅烷与一种或多种有机烷氧基硅烷的混合物的水解/共缩聚实现了介孔硅材料的功能化。以这种方式可以获得具有宽泛覆盖度的功能化的二氧化硅介孔界面。但是需要注意的是，有机硅氧烷前体与合成的环境必须具有相容性，否则会导致其化学组分和结构的破坏（如有机官能团的降解、模板组件的不稳定）。相对于“两步嫁接法”，这种“一步法”的优势在于更容易控制引入的有机官能团的数量，且引入的客体基团较两步嫁接法（其中不包括二步法中使用自组装方法获得嫁接的有机官能团单层）一般能更均匀地分布在骨架中或者部分露出于孔壁上。此外，一步法还有官能化过程对介孔孔隙率的影响较小、制备更省时的优点。官能化薄膜也可以在合适的有机硅烷存在条件下通过 EISA 法制备，但是，有机硅烷的量通常约限于 15%～20%，以避免破坏介观结构的有序性。可以说，功能化客体负载得越多，产物的有序程度越差。此外，以倍半硅氧烷为桥联剂，在前体和导向剂存在条件下进行缩聚，可制备“周期性介孔有机硅”。其中，有机官能团主要位于介孔的孔壁内部。这种方法也可以与前述方法相结合，在介孔框架和介孔孔道内生成含双官能化有机基团的材料。

将介孔硅材料用于电化学研究有如下几点原因：首先，他们高度多孔和规则有序的 3D 结构可确保物质与活性中心具有良好的可接触性和快速运输能力，这对提高预富集的分析检测灵敏度（开路的积累后进行伏安检测）提供了可能性。其次，介孔上可固载种类繁多的有机官能团，这为后期增强电极在识别体系中的选择性提供了有利条件。再次，介孔可固载氧化还原活性基团，这将形成二氧化硅内部的电子转移链或充当电子转移媒介体，具有在电催化方面的应用前景。最后，在这种功能化和介孔结构的反应器中通过固载生物分子形成纳米生物一体化体系（例如酶固定化），结合分子识别、催化和信号转导，可应用于电化学生物传感器领域中。

3.2 非硅基介孔金属氧化物

相对于有序介孔硅制备方法灵活的特点来说，有序介孔金属氧化物的制备，尤其是直接使用软模板法进行有序金属氧化物制备特别难。相对于硅醇盐，过渡金属醇盐的水解和缩聚并不容易被精确控制，且在模板去除后，会导致生成的介孔氧化物框架不稳定、介孔的有序性和热稳定性差等缺点。尽管如此，还是有少量的介孔金属氧化物通过直接合成的方式被制备出来，如二氧化钛、二氧化锆、氧化铌、氧化钒。

EISA 方法扩展了氧化物介孔的制备范围，可以应用软模板制备氧化物介孔材料，甚至可以用于介孔薄膜的制备（如二氧化钛薄膜电极），但是，EISA 合成的过程复杂，在后处理过程中仍需要注意保持产物的有序性。

纳米浇注法作为一种能够克服“软模板法”制备纳米多孔材料诸多局限性的方法，已被应用于开发种类更丰富的纳米多孔材料的制备。其中，也包括非硅基金属氧化物介孔材料的制备。该方法主要以 3D 多孔材料为硬模板，然后将准备制备的介孔材料的前驱物引入到孔结构中，通过反应生成固体材料后，再移除硬模板。需要注意的是，3D结构的孔道会得到立方结构的介孔结构（如MCM48，SBA-16，KIT-6），同样，互通的六方结构的介孔硅也可以作为模板，前提是保证模板含有的孔道尺寸在一维上为介孔尺度，例如以SBA15为模板，制备介孔碳。由于前驱物转化为刚性骨架是在介孔孔道中进行的，所以前驱物的固化被限制在纳米空间中，可以准确地复制模板的孔结构。因此，具有不相互连通的孔道结构的模板非常适合合成一维纳米棒或线，具有三维连通的孔结构的模板适合复制三维孔结构材料。要想得到高质量的介孔，就需要保证界面的湿度，使得孔内部得以彻底地被填充。控制合适的实验条件，可得到氧化铬、氧化铟、氧化钴、氧化锰、氧化铈，以及一些铁磁有序介孔材料。这些材料的半导体特性和高比表面积，在能量的存储与转换方面具有一定的潜力。需要注意的是，选择合适的合成方法，特别是通过纳米浇铸法，还有许多有序介孔金属非氧化物材料（如金属硫化物、金属氟化物等）也已被制备出来，但它们在电化学中的应用还有待时日。

3.3 有序介孔碳

碳纳米材料的种类日益丰富，除了富勒烯、碳纳米管、石墨烯这些常被提及的碳材料可被应用于电化学之外，其他的一类碳材料——介孔碳在电化学的应用中也正在兴起。目前，介孔碳主要应用于能量的转换与存储方面，还有一部分应用集中于电化学分析方面。介孔碳拥有的高度开放且互通的介孔结构，大的导电表面，这些优点使得介孔碳受到了电化学研究者们的青睐。

1999年，韩国科学家Ryoo和Hyeon两个科研小组分别独立报道了介孔碳的制备。在报道中，有序介孔碳的首次合成是利用“硬模板法”（纳米浇筑法）合成得到的。

纳米浇筑法制备介孔碳通常有如下步骤：①制备具有可控结构的介孔硅材料作为基底材料；②在介孔的孔道中引入合适的碳源（湿度培育或化学气相沉积）；③得到的有机—无机复合组分聚合并高温碳化；④移除碳的骨架（使用HF刻蚀或溶解）。

通过上述方法制备的介孔碳通常有如下特征，即在介孔碳合成过程中，介孔硅主体模板所占据的空间被转移到碳材料的孔中，所得到的孔结构便对应于介孔硅骨架的复制品。从目前的研究来看，分别以小孔立方相Kit-6或MCM-48介孔硅、大孔六方相SBA-15或类似的固体为模板制得的介孔碳CMK-1和CMK-3分别为电化学传感器研究中主要使用的介孔碳。由于起始的介孔硅模具有不同的壁厚（MCM-48 壁厚更薄，SBA-15 壁厚更厚），所得介孔碳 CMK-1 和 CMK-3 材料的平均孔径也是不同的，但在这两种情况下介孔碳的孔径尺寸的分布均很窄。

壁厚可调的介孔硅（如 SBA-15）是特别有吸引力的模板，因为它们可以使介孔碳的孔隙尺寸微调。与预期相符，碳复制的介孔有序结构与起始孔二氧化硅模板具有相似的几何结构（立方或六方相）。蔗糖是最常使用的碳前体源，可以产生均匀的孔，此外还包括其他碳源等（如糠醇、萘和蒽），前两个前体的性质和浓度已被证明对最终材料的物理化学特性具有显著影响。例如，至今用于电化学途径的 CMK-3 型的介孔碳的比表面积常在 900～1500 m^2/g 范围内，总孔体积由 1.1 m^3/g 可至 1.7 m^3/g，孔径通常在 3.3～5.0 nm。

有序介孔碳的框架也可以根据超分子簇为软模板（主要是嵌段共聚物）进行制备。两嵌段共聚物本身的交联和热固性树脂的组装都能组织成有序结构。这通常包括如下几个步骤：①分子排列形成超分子结构；②组成模板；③交联；④除去模板；⑤碳化。相比于纳米浇铸制备介孔碳受到的一些局限性（少数情况下部分碳源会石墨化，孔径分布比氧化硅母板相对更宽，使用介孔二氧化硅作为骨架的使用成本昂贵，过程烦琐耗时），软模板路线可规避这些局限性，尤其是在制备导电性增强的介孔碳（石墨介孔碳）方面。

除了本征态的介孔碳，功能化介孔碳也常被应用于电化学研究。这是因为介孔碳材料拥有巨大的比表面积，同时又有很好的导电性和稳定性，但是其表面惰性阻碍了其在吸附与分离、催化、生物和传感等领域的应用，因此需要对介孔碳材料进行表面功能化，从而引入更多所需的活性位点。通常的合成方法为直接合成法与后修饰的方法。直接合成法是指在碳材料合成的初始阶段，直接加入客体的前驱体，与碳源、表面活性剂组装成有序介观结构，经过聚合碳化，客体前驱体经过转化或不完全分解，最终进入碳材料的表面或骨架。这种方法操作简单，客体可以是各种金属或非金属。在有序介孔碳材料的研究中，使用直接法实现功能化的比较多。后修饰是指在合成好介孔碳材料以后，通过一定的化学方法对碳表面进行处理，最后嫁接上特定的功能基团。但由于碳的化学惰性，使得采用后修饰的方法相对硅表面来说要困难，对它的研究没有介孔硅材料透彻和广泛。自从介孔碳材料被开发以来，人们借鉴了在活性炭和碳纳米管等材料表面功能化的后处理技术，并应用于介孔碳的功能化研究。现有的后修饰主要包括干法与湿法化学修饰。干法修饰是将碳材料直接暴露在功能性气氛下（如 O_2、CO_2、H_2S、

F_2、NH_3 等）或者和可分解气化的分子（如三聚氰胺等）混合，经高温处理得到功能化介孔碳材料，这也是工业上生产活性炭的最常见途径。湿法修饰，顾名思义是指将碳材料浸渍在带功能性分子的溶液中，通过化学反应将液体中有机基团分子嫁接在碳表面上。相比于干法修饰，通过在溶液中的湿法修饰可以通过更多途径嫁接上更多种类的基团，这些途径主要包括湿法氧化、重氮化学还原、磺酸化等。湿法氧化是使用强氧化剂溶液氧化碳材料表面碳层，达到一定的刻蚀与表面修饰效果。该方法可以明显增加碳材料的表面含氧功能基团。湿法氧化常用的氧化剂包括硝酸、过氧化氢水、高锰酸钾、高氯酸、重铬酸、次氯酸（盐）、过硫酸等。对于介孔材料而言，其氧化过程需要较好地控制，避免过度的氧化或刻蚀致使介观结构崩塌。

参考文献

[1] Liong M, Lu J, Tamanoi F, Zink J I, Nel A, Chemical Society Reviews, 2012, 41 (7): 2590-2605.

[2] Lebeaua B, Parmentiera J, Soularda M, Fowlera C, Zanab R, Vix-Guterlc C, Patarin J. Comptes Rendus Chimie, 2005, 8 (3): 597-607.

[3] Wan Y, Zhao D Y, Chemical Reviews, 2007, 107 (7): 2821-2860.

[4] Beck J S, Vartuli J C, Roth W J, Leonowicz M E, C. T. Kresge, Schmitt K D, Chu C T W, Olson D H, Sheppard E W. Journal of the American Chemical Society, 1992, 114: 10834-10843.

[5] Soler-illia G J D, Sanchez C, Lebeau B, Patarin J. Chemical Reviews, 2002, 102 (11): 4093-4138.

[6] A.A.Soler-Illia G J d, L.Crepaldi E, Grosso D, Sanchez C. Current Opinion in Colloid & Interface Science, 2003, 8(1): 109-126.

[7] Li L, Li W, Sun C, Li L. Electrochemistry, 2002, 14: 368-375.

[8] Guo H S, He N Y, Ge S X, Yang D, Zhang J N. Talanta, 2005, 68 (1): 61-66.

[9] Bhattacharyya S, Lelong G, Saboungi M L. Journal of Experimental Nanoscience, 2006, 1 (3): 375-395.

[10] Dai Z, Lu G, Bao J, Huang X, Ju H. Electroanalysis, 2007, 19 (5): 604-607.

[11] Dai Z H, Ni J, Huang X H, Lu G F, Bao J C. Bioelectrochemistry, 2007, 70 (2): 250-256.

[12] Sohrabnezhad S, Pourahmad A. Electroanalysis, 2007, 19 (15): 1635-1641.

[13] Pal M, Ganesan V. Langmuir, 2009, 25: 13264-13272.

[14] Xie X, Zhou D, Zheng X, Huang W, Wu K. Analytical Letters, 2009, 42 (4): 678-688.

[15] Li Y, Zeng X, Liu X, Liu X, Wei W, Luo S. Colloids and Surfaces B-Biointerfaces, 2010, 79 (1): 241-245.

[16] Caro-Jara N, Mundaca-Uribe R, Zaror-Zaror C, Carpinelli-Pavisic J, Aranda-Bustos M, Pena-Farfal C. Electroanalysis, 2013, 25 (1): 308-315.

[17] Azadbakht A, Abbasi A R, Gholivand M B, Derikvand Z. Journal of Inorganic and Organometallic Polymers and Materials, 2014, 24 (3): 573-581.

[18] Babaei A, Ansari E, Afrasiabi M. Analytical Methods, 2014, 6 (21): 8729-8737.

[19] Dai X, Qiu F, Zhou X, Long Y, Li W, Tu Y. Electrochimica Acta, 2014, 144: 161-167.

[20] Mundaca-Uribe R, Bustos-Ramirez F, Zaror-Zaror C, Aranda-Bustos M, Neira-Hinojosa J, Pena-Farfal C. Sensors and Actuators B-Chemical, 2014, 195: 58-62.

[21] Khalilzadeh B, Charoudeh H N, Shadjou N, Mohammad-Rezaei R, Omidi Y, Velaei K, Aliyari Z, Rashidi M-R. Sensors and Actuators B-Chemical, 2016, 231: 561-575.

[22] Santos J C, Matos C R S, Pereira G B S, Santana T B S, Souza H O, Jr., Costa L P, Sussuchi E M, Souza A M G P, Gimenez I F. Microporous and Mesoporous Materials, 2016, 221: 48-57.

[23] Rao H, Ma Y, Xue Z, Du X, Zhao G, Li S. Analytical Letters, 2017, 50 (9): 1435-1447.

[24] Jabariyan S, Zanjanchi M A, Arvand M, Sohrabnezhad S. Spectrochimica Acta Part a-Molecular and Biomolecular Spectroscopy, 2018, 203: 294-300.

[25] Su B-L, Léonard A, Yuan Z-Y. Comptes Rendus Chimie, 2005, 8 (3): 713-726.

[26] Lebeau B, Patarin J, Sanchez C. Advances in Technology of Materials, 2004, 6: 298-302.

[27] Hu J S, Zhong L S, Song W G, Wan L J. Advanced materials, 2008, 20 (15): 2977-2982.

[28] Kuang D, Brezesinski T, Smarsly B. Journal of the American Chemistry Society, 126 (34): 10534-10535.

[29] Chen P K, Lai N C, Ho C H, Hu Y W, Lee J F, Yang C M. Chemistry of Materials, 2013, 25 (21): 4269-4277.

[30] Guo H S, He N Y, Ge S X, Yang D, Zhang J N. Determination of cardiac troponin I by anodic stripping voltammetry at SBA-15 modified carbon paste electrode//Sayari A, Jaroniec M. Nanoporous Materials Ⅳ, 2005: 695-702.

[31] He N Y, Guo H S, Yang D, Gu C R, Zhang J N. Chinese Chemical Letters, 2006, 17 (2): 235-238.

[32] Cesarino I, Marino G, Matos J d R, Cavalheiro É T G. Journal of the Brazilian Chemical Society, 2007, 4: 810-817.

[33] Liu Y, Xu Q, Feng X, Zhu J J, Hou W. Analytical and Bioanalytical Chemistry, 2007, 387 (4): 1553-1559.

[34] Cesarino I, Marino G, do Rosario Matos J, Gomes Cavalheiro E T. Talanta, 2008, 75 (1): 15-21.

[35] Kim E, Kim H E, Lee S J, Lee S S, Seo M L, Jung J H. Chemical Communications, 2008, (33): 3921-3923.

[36] Li H, Lin H, Xie S H, Dai W L, Qiao M H, Lu Y F, Li H X. Chemistry of Materials, 2008, 20 (12): 3936-3943.

[37] Liu Y, Yu Y, Yang Q, Qu Y, Liu Y, Shi G, Jin L. Sensors and Actuators B-Chemical, 2008, 131 (2): 432-438.

[38] Dong J P, Hu Y Y, Xu J Q, Qu X M, Zhao C J. Electroanalysis, 2009, 21 (16): 1792-1798.

[39] Weng S, Lin Z, Zhang Y, Chen L, Zhou J. Reactive & Functional Polymers, 2009, 69 (2): 130-136.

[40] Zhou P, Meng Q, He G, Wu H, Duan C, Quan X. Journal of Environmental Monitoring, 2009, 11 (3): 648-653.

[41] Cesarino I, Cavalheiro E T G, Brett C M A. Electroanalysis, 2010, 22 (1): 61-68.

[42] Song C, Zhang X, Jia C, Zhou P, Quan X, Duan C. Talanta, 2010, 81 (1-2): 643-649.

[43] Vinoba M, Jeong S K, Bhagiyalakshmi M, Alagar M, Bulletin Of the Korean Chemical Society, 2010, 31 (12): 3668-3674.

[44] Wang X, Wang P, Dong Z, Dong Z, Ma Z, Jiang J, Li R, Ma J. Nanoscale Research Letters, 2010, 5 (9): 1468-1473.

[45] Cai Y, Li H, Du B, Yang M, Li Y, Wu D, Zhao Y, Dai Y, Wei Q. Biomaterials, 2011, 32 (8): 2117-2123.

[46] Liu X, Zhao T, Lan J, Zhu L, Yan W, Zhang H. Analyst, 2011, 136 (22): 4710-4717.

[47] Luo X, Yang C, Chen Y. Acta Chimica Sinica, 2011, 69 (1): 1-7.

[48] Zhang P, Dong S, Huang T. Advanced Materials, 2011, 69(1): 1-7.

[49] Zhang X, Duan S, Xu X, Xu S, Zhou C. Electrochimica Acta, 2011, 56 (5): 1981-1987.

[50] Cui Z, Cai Y, Wu D, Yu H, Li Y, Mao K, Wang H, Fan H, Wei Q, Du B. Electrochimica Acta, 2012, 69: 79-85.

[51] Balamurugan J, Kumar S M S, Thangamuthu R, Pandurangan A. Journal of Molecular Catalysis A-Chemical, 2011, 372: 13-22.

[52] Senthil Kumar S M, Thangamuthu R. Journal of Molecular Catalysis A-Chemical, 2013, 371: 113-122.

[53] Dong Z, Tian X, Chen Y, Hou J, Ma J. RSC Advances, 2013, 3 (7): 2227-2233.

[54] Duan S, Zhang X, Xu S, Zhou C. Electrochimica Acta, 2013, 88: 885-891.

[55] Han M, Fang M, Liu L, Bao J, Dai Z. Electrochemistry Communications, 2013, 35: 94-96.

[56] Li X, Li Y, Feng R, Wu D, Zhang Y, Li H, Du B, Wei Q. Sensors and Actuators B-Chemical, 2013, 188: 462-468.

[57] Wu D, Zhang Y, Shi L, Cai Y, Ma H, Du B, Wei Q. Electroanalysis, 2013, 25 (2): 427-432.

[58] Huang W, Zhang S. Russian Journal of Electrochemistry, 2014, 50 (2): 136-141.

[59] Xie X, Sun D, Liu G, Zeng Q. Analytical Methods, 2014, 6 (6): 1640-1644.

[60] Appiah-Ntiamoah R, Chung W J, Kim H. New Journal of Chemistry, 2015, 39 (7): 5570-5579.

[61] Azizi S N, Ghasemi S, Samadi-Maybodi A, Ranjbar-Azad M. Sensors and Actuators B-Chemical, 2015, 216: 271-278.

[62] Hazra S, Joshi H, Ghosh B K, Ahmed A, Gibson T, Millner P, Ghosh N N. RSC Advances, 2015, 5 (43): 34390-34397.

[63] He H, Gu X, Shi L, Hong J, Zhang H, Gao Y, Du S, Chen L. Analytical and Bioanalytical Chemistry, 2015, 407 (2): 509-519.

[64] Jamshidi M, Ghaedi M, Dashtian K, Hajati S. RSC Advances, 2015, 5 (128): 105789-105799.

[65] Raoof J B, Chekin F, Ehsania V. Sensors and Actuators B-Chemical, 2015, 207: 291-296.

[66] Zheng X, Duan S, Liu S, Wei M, Xia F, Tian D, Zhou C. Analytical Methods, 2015, 7 (7): 3063-3071.

[67] Derylo-Marczewska A, Zienkiewicz-Strzalka M, Skrzypczynska K, Swiatkowski A, Kusmierek K. Adsorption Journal of the International Adsorption Society, 2016, 22 (4-6): 801-812.

[68] Josypcuk O, Fojta M, Danhel A, Josypcuk B. Electroanalysis, 2016, 28 (8): 1860-1864.

[69] Kaabi R, Abderrabba M, Gomez-Ruiz S, del Hierro I. Microporous and Mesoporous Materials, 2016, 234: 336-346.

[70] Karimi M, Badiei A, Mohammadi Ziarani G. Analytical Sciences, 2016, 32 (5): 511-516.

[71] Neto S Y, Viegas H D C, Almeida J M S, Cavalheiro E T G, Araujo A S, Marques E P, Marques A L B. Electroanalysis, 2016, 28(5): 1035-1043.

[72] Rani G, Singh S. Journal of Solid State Electrochemistry, 2016, 2090-3529.

[73] Baghayeri M, Sedrpoushan A, Mohammadi A, Heidari M. Ionics, 2017, 23 (6): 1553-1562.

[74] Cinnasamy B, Krishnan S, Aruliah R, Kadarkarai M, Benelli G, Kannaiyan D. Chinese Chemical Letters, 2017, 28 (7): 1399-1405.

[75] Dehdashtian S, Abdipur Z. Journal of the Iranian Chemical Society, 2017, 14 (8): 1699-1709.

[76] El-Nahass M N, Fayed T A. Applied Organometallic Chemistry, 2017, 31 (11): 2605-2608.

[77] Guillet-Nicolas R, Berube F, Thommes M, Janicke M T, Kleitz F. Journal of Physical Chemistry C, 2017, 121 (44): 24505-24526.

[78] Lashgari N, Badiei A, Ziarani G M. Journal of Physics and Chemistry of Solids, 2017, 103: 238-248.

[79] Lashgari N, Badiei A, Ziarani G M, Faridbod F. Analytical and Bioanalytical Chemistry, 2017, 409 (12): 3175-3185.

[80] Shamsipur M, Karimi Z, Tabrizi M A, Rostamnia S. Journal of Electroanalytical Chemistry, 2017, 799: 406-412.

[81] Zhao L, Li J, Sui D, Wang Y. Sensors and Actuators B-Chemical, 2017, 242: 1043-1049.

[82] Wang H, Liu Y, Yao S, Zhu P. Food Chemistry, 2018, 240: 1262-1267.

[83] Tamizhdurai P, Sakthinathan S, Krishnan P S, Ramesh A, Mangesh V L, Abilarasu A, Narayanan S, Shanthi K, Chiu T W. Journal of Molecular Structure, 2019, 1176: 650-661.

[84] Liu T, Li G, Zhang N, Chen Y. Journal of Hazardous Materials, 2012, 201: 155-161.

[85] Zhang N, Li G, Cheng Z, Zuo X. Journal of Hazardous Materials, 2012, 229: 404-410.

[86] Shi G, Qu Y, Zhai Y, Liu Y, Sun Z, Yang J, Jin L. Electrochemistry Communications, 2007, 9 (7): 1719-1724.

[87] Sun Z, Li Y, Zhou T, Liu Y, Shi G, Jin L. Talanta, 2008, 74 (5): 1692-1698.

[88] Meng C, Fang Y, Jin L, Hu H. Catalysis Today, 2010, 149 (1-2): 138-142.

[89] Zhang D, Xue L, Zhu Q, Du X. Analytical Letters, 2013, 46 (14): 2290-2301.

[90] Zhang L, Zhang Q, Li J. Electrochemistry Communications, 2007, 9: 1530-1535.

[91] 张慧, 刘秀, 朱岩琪, 姜东娇, 张洪波, 段纪东, 张玲. 沈阳师范大学学报(自然科学版), 2016, 34(3): 276-281.

[92] Lu Y, Ganguli R, Drewien C A, Anderson M T, Brinker C J, Gong W, Guo Y, Soyez H, Dunn B, Huang M H, Zink J I. Nature, 1997, 389: 364-368.

[93] Soler-Illia A, L.Crepaldi E, Amenitsch H, Brunet-Bruneau A, Bourgeois A. Advanced Functional Materials, 2004, 14: 309-322.

[94] Sakamoto S, Yoshikawa M, Ozawa K, Kuroda Y, Shimojima A, Kuroda K. Langmuir, 2018, 34 (4): 1711-1717.

[95] Lytle J C, Stein A. Annual Review of Nano Research, 2006, 1: 1-79.

[96] Zhao B, Collinson M M. Department of Chemistry, 2010, 22: 23284-22006.

第四章　介孔材料在电化学传感器中的构筑方式

电化学传感器中介孔材料构建电极的方式在很大程度上取决于电极应用的目标性，并结合介孔材料的形态（粉末、块状、薄膜）进行设计。此外，材料的绝缘性和导电性能也会在电极的构建方面发挥作用。在实际应用中，介孔材料在电化学传感器中构建电极的方式主要有两种，即薄膜涂覆电极和块状复合电极。

4.1　薄膜涂覆电极

本书所涉及的膜电极，需要与另外两种极端情况下的“膜电极”进行区分，即颗粒状薄膜和连续均匀的薄膜。这两种极端薄膜间的区别有可能不太明显，例如，以 TiO_2 为例，通过 TiO_2 纳米晶的构筑可形成连续的薄膜[1]。

由于许多介孔材料都是以粉末的形式制备得到的，因此在最初的研究中，为了将这些固体颗粒固载到电极表面，采取的方法就是，将含有介孔粉末的悬浮液直接涂敷到电极表面。将等分试样悬浮液滴加到电极表面，随着溶剂在静态或旋转条件下的挥发，很容易实现介孔材料在电极表面的涂敷，这种方式通常在制备介孔二氧化硅[2, 3]或介孔碳[4]涂层电极时最为常见。例如，2007 年，Yuezhong Xian 等在以介孔二氧化硅 SBA-15 和 Au 掺杂 SBA-15（Au-SBA-15）为载体固载 Hb，研究溶液 pH、介孔二氧化硅结构和金纳米粒子掺入对固载 Hb 活性的影响的工作中，采用的电极的制备方式为：将 SBA-15 或者 Au-SBA-15 分散在 PBS（pH=5.0）中制备介孔分散液，然后将介孔分散液滴涂于抛光干净的 GC（玻碳电极）表面。室温干燥后，制备得到 SBA-15 和 Au-SBA-15 修饰电极。然后在 4 ℃条件下，将介孔修饰电极浸入 Hb 溶液至少两天实现 Hb 在介孔材料中的固载[2]。尽管在该工作中，作者认为固载 Hb 实现了直接电化学，并进行了电化学参数的计算和比较，但由于电极涂层浸泡了两天，因此电极的稳定性很值得商榷，很难确定直接电化学信号是由固载 Hb 引起的。

通过查阅近几年来的文献，可以发现使用水、DMF 为材料分散剂，将介孔材料与 DMF 制备成分散液，滴涂后使用红外灯干燥的直接涂覆方法仍为电化学中制备介孔材料修饰电极的常用方法[5, 6]。

例如：2017 年，Qin 等制备了包裹介孔碳的 Fe_3O_4 的核壳结构微胶囊（Fe_3O_4@NMCMs），用于制备相应的修饰电极，实现了对过氧化氢的电化学检测。该实验中，作者也采用将 Fe_3O_4@NMCMs 直接用水分散滴涂的电极制备方式[7]。

2018 年，Zhang 等使用有序介孔 Co_3O_4 纳米球/还原氧化石墨烯复合物制备修饰电极，用于检测芦丁。该工作中，首先利用正负电荷相互吸引作用力制备得到的 *meso*-Co_3O_4/GO 纳米复合物，然后使用肼进行还原，得到 *meso*- Co_3O_4/RGO，将 *meso*-Co_3O_4/RGO 分散于水中用于滴涂电极。实验结果表明，该电极对芦丁具有良好的检测性能，这是因为该复合物具有更多的活性位点、大的比表面积、良好的导电性，因此增强了芦丁电化学检测的传感特性[8]。

又如：2018 年，Li 等使用新鲜的螃蟹壳，灼烧后作为模板，以糖为碳源，制备了介孔碳棒。将介孔碳棒分散于 MDF，可制备介孔碳棒修饰电极。使用该电极对抗坏血酸（AA）进行检测，可以发现该电极性能优于裸玻碳电极以及碳纳米管修饰电极，可用于果汁、注射液等实际样品的检测。该工作中，电极的修饰是将介孔碳棒分散于 DMF，滴涂后用红外灯烤干的办法制备的[6]。

总的说来，这种方法的优点是简单，涂层整体组分纯粹单一（即涂层内无任何添加剂），但这种构筑方法有一个严重的缺点：即缺乏机械稳定性，特别是在搅拌体系中长时间使用时受到限制。为了避免这种限制，增强可操作性，需要给微粒薄膜盖上“保护”和“加强”层。常用的可用作类似涂层的聚合物有全氟磺酸有机聚合物[9]、聚乙烯醇[10]、聚乙二醇[11]或丙烯酸树脂[12]、聚氯乙烯[13]、聚 4-乙烯基吡啶[14]、壳聚糖[15]和明胶[16]等。介孔电极的制备还可通过电泳的方式将有机或无机涂层沉积在金属氧化物表面上[17]。当涂覆于电极表面的是不导电的硅基薄膜时，通常需要在含介孔的沉积液中加入石墨来增加涂覆膜的整体导电性[18]。例如，2017 年，Qin 等在使用层级结构 $NiCo_2O_4$ 介孔制备灵敏的葡萄糖无酶传感器工作时，修饰电极的制备也是使用双层膜的构建方式。首先，使用乙醇为分散剂制备 $NiCo_2O_4$ 悬浮液，然后取 10 μL 悬浮液滴涂于电极表面，待其在空气中干燥后，取 5μL Nafion 溶液（含 0.5% Nafion 的乙醇溶液）滴涂在 $NiCo_2O_4$ 层上，干燥后得到 $NiCo_2O_4$ 修饰电极。研究结果发现该电极在碱性条件下对葡萄糖氧化具有良好的催化活性和稳定性，且检测性能优于 Co_3O_4[19]。

2018 年，Preecharueangrit 等以金电极为基底电极，六氰基高铁酸镍（NiHCF）和介孔碳为电极修饰材料制备了亚硫酸盐电传感器[20]。该电极具有良好的电极稳定性、电极重复性。采用流动注射法，实现了对粉条、方便面、面条中亚硫酸盐含量的分析测定。在该工作中，电极的制备采用先制备 OMC/Au 修饰电极，然后使用电沉积的方法在其上面覆盖上六氰基高铁酸镍的方法。

2019 年，Bai 等报道了使用树枝状介孔二氧化硅纳米粒子构建酶的纳米反应器进行活细胞中 H_2O_2 检测的相关工作。在该工作中，电极的构筑方式为：使用超声的方法，先将介孔材料在水中充分浸润，然后将辣根过氧化酶与介孔材料进行混合制得 HRP/DMSNs 分散液。取分散液滴涂于 GCE 电极表面，待其干燥后，接着在其表面滴涂 10μL Nafion 溶液（0.05%）并干燥，得到 HRP/DMS/GCE 修饰电极。后续研究结果表明，基于 HRP/DMS/GCE 的电化学生物传感器对 H_2O_2 表现出灵敏高、选择性好、检测范围宽和检测限低等良好的检测性能，且 HRP/DMS/GCE 生物传感器可应用于测量活细胞释放的 H_2O_2，这对临床诊断中的应用（评估不同种类的癌细胞氧化应激）具有重要的意义[21]。

除了上述的双层膜构筑方式，介孔修饰电极的制备也可以通过介孔粉末直接在聚合物中的分散来实现薄膜的制备。这主要通过将介孔粉末分散在聚合物的悬浮液中实现的，经溶剂蒸发，介孔粒子就被包裹在互相交联的聚合物链的网络结构中了。其中，石墨的加入是为了提高涂层整体的导电性[11]。常用的聚合物有聚乙烯醇[22-24]，聚苯乙烯[25]，聚氯乙烯[26]，Nafion[14, 27]，聚 4-乙烯基吡啶[14]，壳聚糖[15]或明胶[16]等。

例如，2017 年，Selvarajan 等将介孔 SnO_2 分散到壳聚糖溶液中，通过滴涂制备了 SnO_2/CHIT 修饰玻碳电极，实现了对 AA、DA（多巴胺）、UA（尿酸）的连续测定[28]。

2018 年，Ma 等采用模板刻蚀法制备了大小不同的两种孔径尺寸的氧化亚铜介孔球，经 Nafion 溶液分散后，通过滴涂的方式获得了 Cu_2O 修饰电极。实验结果表明，大孔径 Cu_2O 修饰电极比小孔径 Cu_2O 修饰电极表现出更好的电催化活性。结果表明，内扩散速率对传感器的性能起着至关重要的作用。得到的大孔径 Cu_2O 生物传感器具有检测限低、灵敏度高、选择性好、稳定性好、重现性好、检测范围宽（0.003～7.8 mM*）等特点，是一种具有改善内扩散和电子转移能力的优良材料[29]。

---

* 溶液单位中，M=mol/L，余同。

2019 年，Zablocka 等使用导电聚合物单体与 MCM48 共混的方法，制备了聚吡咯/MCM48 修饰电极，实现了对多巴胺的检测[30]。

在这里，需要提及的一点是，上述介孔膜电极的制备存在着膜物质中有机组分对介孔材料修饰电极性能的干扰（物理或化学意义上的），为了更好地研究介孔膜的特性，电化学研究者们试图在电极表面制备结构连续有序的介孔膜，以使薄膜提供的覆盖层均匀，没有晶粒间的影响[31, 32]。然而，其合成途径强烈地依赖于目标介孔材料的性质。例如，对于介孔硅基和金属氧化物的连续介孔薄膜电极的制备来说，可以利用溶胶—凝胶技术，并辅以挥发诱导自组装（EISA）方法制备而来[33-37]。具体过程可分为如下步骤：首先将溶胶溶液沉积到固体基底上（通过浸涂、旋涂或滴液），随着溶剂的蒸发，伴随着胶束的形成和溶胶的凝结，形成具有介孔结构的电极覆盖层。这种方法已经被多篇综述文章所描述[34-36, 38, 39]。简而言之，溶胶溶液通常由溶解在水—乙醇混合物中的无机前体单独或与有机金属氧化物和表面活性剂混合而成。由于挥发性组分在空气/膜界面蒸发，伴随着表面活性剂的自组装缩聚，诱导前体形成具有均匀介孔结构的沉淀物（典型的厚度在 50～700 nm 范围内）。这种在电极表面制备有序多孔膜的工作具有一定的开创性，然而，得到的介孔膜通常透光性差（可能该方法对于孔的空隙取向不利）。在后处理过程中，在脱除表面活性剂时，还存在易产生裂缝等缺点[40]。此后，研究者们通过不断钻研，已有能力精确控制硅膜在介尺度上的结构排列[41]。在此基础上，研究者们已合成出更多种类和更多介孔尺寸分布的电极薄膜，包括二氧化硅和功能化二氧化硅、二氧化钛、氧化锡、氧化铟锡、氧化铌[39]。通过选择不同的模板，这些孔材料的孔隙率可在介孔[42]到大孔[43]，甚至多尺寸孔径[44]上进行控制。同时，研究者们还尝试使用“电辅助自组装”（electro-assisted self-assembly，EASA）法进行垂直于电极表面的连续介孔膜电极的制备[45-47]。该方法首先于 2007 年，由 Walcarius 课题组提出[45]，即将表面活性剂模板技术与溶胶—凝胶（sol-gel）技术相结合，在电极表面制备垂直孔道的介孔二氧化硅薄膜的方法。该方法是将玻碳电极等作为工作电极浸入十六烷基三甲基溴化铵（CTAB）为模板剂的二氧化硅溶胶中，通过在电极上施加一定的负电位，在电极/溶液界面处 pH 的变化（产生氢氧根离子）驱动表面活性剂胶束在电极表面的自组装以及二氧化硅溶胶在表面活性剂胶束周围的同步缩聚，最终形成垂直于电极表面的二氧化硅介孔薄膜。EASA 法制备垂直孔道的介孔 SiO_2 薄膜所需时间短，可在多种导电基底（如玻碳、金、铂、铜、氮化钛及氧化铟锡导电玻璃 ITO 等）表面合成介孔 SiO_2[45, 48, 49]。与其他合成方法相比，EASA 法具有诸多优点：在常温常压下进行，不需特殊的仪器及设备，合成时间较短，对环境无污染等。此外，为了克服使用软模板法合成非硅介孔薄膜存在的问题与困难，已有研究者尝试通过纳米铸造法来制备非硅介孔薄膜。使用该方法制备介孔粉末通常可行，但对于生成薄膜仍存在一定的挑战，因为在硬模板的一侧存在基板，它限制了（或甚至不允许）生成薄膜的前体溶液的浸渍与流动[38]。另外一种有希望制备金属氧化物介孔薄膜的方式是在结构导向剂存在下，通过电化学诱导方式实现金属氧化物如溶致液晶[50]或更稀释的表面溶液[51]的自组装。

4.2　块状复合电极

将已合成的介孔颗粒分散在导电复合材料基底中，是将纳米工程技术应用于电极/溶液界面研究的一种相当简单的方法，该方法已被广泛使用。该技术特别适用于介孔二氧化硅、功能化介孔二氧化硅等非导电材料以及其他的有机—无机杂化介孔材料、金属氧化物介孔或介孔碳等材料[52-56]。

首先，绝大多数块状复合电极属于碳糊电极。碳糊电极是指利用石墨粉与石蜡油、硅油等憎水性黏合剂混合制成糊状物，然后将其压入电极管中而制成的一类电极。碳糊电极具有制作简便、表面更新容易、成本低廉，电位窗口宽等优点。在制备碳糊电极的过程中，根据检测意图，在碳糊中直接混入其他掺杂组分，可赋予碳糊电极某些特定的功能或改善电极的相关性能，如：选择性、灵敏度和响应时间等[57, 58]。

在电化学传感器领域，由于介孔材料比表面积大，有利于催化剂等活性组分的分散，可有效固载催化剂或生物分子；孔道呈三维立体结构，有利于物质在其孔道中的扩散转移，因此，将介孔硅及修饰化介孔硅、金属氧化物介孔或介孔碳应用于修饰电极的相关应用也越来越多[59]。据文献调研可知，介孔材料制备碳糊电极除了可用于离子的检测研究，还可以用于抗坏血酸[60]、多巴胺[61]、尿酸[62]、半胱氨酸[63]、苯酚[64]、醛糖[65]等生物分子的检测以及电化学生物传感器的构筑[66]。在 20 世纪 90 年代末，Walcarius 等首次使用氨基化的 MCM-41 制备了碳糊电极，并使用溶出伏安法实现了对铜（Ⅱ）的检测[67]。2007 年，Cesarino 等[68]将有机—无机杂化的 SBA-15 和 2-巯基苯并噻唑混合物修饰的碳糊电极，通过微分脉冲阳极溶出伏安法（DPASV）检测甘蔗酒里的 Cu（Ⅱ），检出限最低达到了

2.0×10^{-7} mol · L^{-1}。2017 年，Zhao 等使用新型铋膜/有序介孔碳分子线改性碳糊电极，制备了一种同时可以灵敏检测 Cd（Ⅱ）和 Pb（Ⅱ）的电化学传感器碳糊电极。其中，有序介孔碳（OMC）和分子线（MW：二苯基乙炔）分别用作改性剂和黏合剂。实验结果表明，制备的电极表现出优异的电化学性能，良好的导电性和高的溶出伏安响应。在优化条件下，Cd（Ⅱ）和 Pb（Ⅱ）金属离子在 1.0～70.061 μg/L 浓度范围内线性关系良好，此外，与传统的 CPE 相比，传感器显示出改进的灵敏度和可重复性。制成的电极成功地用于检测真实土壤样品中的 Cd（Ⅱ）和 Pb（Ⅱ）[55]。2019 年，Silva 等使用氨基化介孔硅 HMS 制备了改性碳糊电极，通过差分脉冲技术，实现了该电极对β-受体阻滞剂（β-肾上腺素能受体阻滞剂）、美托洛尔（Met）和吲哚洛尔（Pin）的新兴药物的检测[69]。

碳糊电极如此广泛地被应用于电化学传感器中是因为：①该方法具有通用性，可以将任何类型的介孔颗粒掺入碳糊基质中，即使是难以（或不可能）制备为薄膜的那些介孔材料；②易于制备（介孔颗粒与石墨粉末和矿物油的简单混合）；③介孔粒子与导电基体之间接触紧密，能确保其电化学响应快速且具有有效性（与氧化还原物质必须穿过介孔层以达到要检测的电化学活性表面的非导电薄膜相反），只要改性糊料的所有组分均匀分散在复合材料中，电极在其表面机械更新后可以达到良好的再现性。

与碳糊相关的研究还有一种是丝网印刷电极。丝网印刷电极是指在基质材料上印刷导电油墨形成的一个电极系统，根据需要可以印刷成单电极体系（只有工作电极）、双电极体系（工作电极和对电极）、三电极体系（工作电极、对电极和参比电极），甚至复杂得多的电极体系。基质材料是传感器的支撑体，要求绝缘。常用的材料有聚氯乙烯、氧化铝陶瓷、聚碳酸酯等。用来印刷的导电油墨主要有导电银浆、导电碳浆和绝缘油墨，分别用来印刷导电条、电极端和绝缘保护层。各种油墨都有相应的商业产品。介孔材料在丝网印刷电极方面的应用通常是将介孔材料分散到碳墨中，并将所得的复合墨水沉积在塑料或陶瓷基底上印刷成厚膜的电极。

例如，Yantasee 等在 2005 年和 2006 年，将功能化介孔硅引入到丝网印刷电极的构筑中，分别利用 AC-phos SAMMS（乙酰胺—膦酸功能化 MCM-41）[70]和水杨酰胺功能化 MCM-41（SAL-SAMMS）实现了对实验室模拟样品中铅（Ⅱ）和 Eu（Ⅲ）的检测[71]。2010 年，Sánchez 等利用功能化介孔硅（MTTZ-MSU-2）制备丝网印刷电极用于自来水中铅离子的检测（图 4-1）[72]，实现了丝网印刷电极在实际样品检测中的应用。此外，还可以将介孔材料与丝网印刷技术相结合应用于电化学生物传感器的应用中[73-75]。例如：2019 年，Hou 等使用介孔碳负载乙酰胆碱酯酶，以氧化锑锡为电子转移促进剂，壳聚糖为黏结剂，制备了丝网印刷电极。采用循环伏安法和差分脉冲伏安法研究了乙酰胆碱酯酶生物传感器的电化学行为。在最佳条件下，以毒死蜱和甲胺磷为模型化合物，检测了基于有机磷农药对乙酰胆碱酯酶活性的抑制作用。该乙酰胆碱酯酶生物传感器具有良好的分析性能和重复性。毒死蜱和甲胺磷的检出限分别为 0.01 $\mu g \cdot L^{-1}$ 和 1 $\mu g \cdot L^{-1}$。此外，利用制备的乙酰胆碱酯酶生物传感器还可成功测定实际样品中的有机磷[75]。

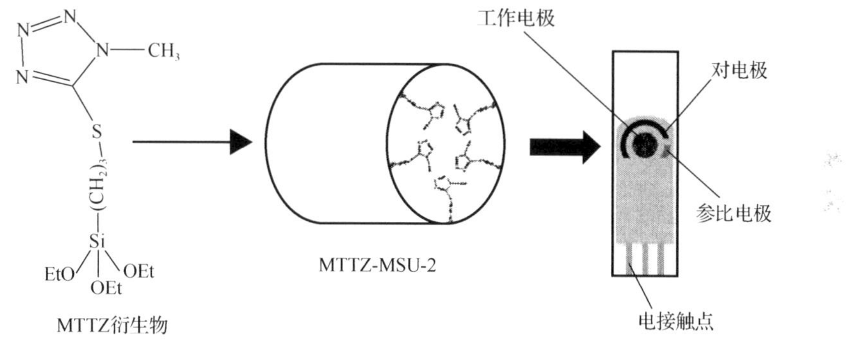

图 4-1　MTTZ-MSU-2 修饰的丝网印刷电极条[75]

近十年来，丝网印刷电极研究明显增多，在 Web of Science 中以“mesoporous”和“screen-printed”为主题词进行搜索，可以查到相关文献 189 篇。其中，2013 年以前每年文章发表数不超过 10 篇，2015 年 19 篇，2016 年 20 篇，2017 年 28 篇，2018 年 37 篇，呈逐年上升的趋势。这是因为丝网印刷电极可用于制备一次性传感器，而且可以批量生产[76-82]，因此加强基于丝网印刷电极的电化学生物传感器的研究，对于扩大生物传感器的商业化应用具有非常重要的意义。

此外，还可以使用压制方法制备其他块状导电复合电极。例如，使用球形石墨粉和介孔二氧化硅颗粒的混合物在导电基底上（例如铂网）通过压制可制成片状器件[83]，具有不含黏合剂、能在有机溶剂中使用的特点。还有报道将 OMC 粉末与少量（约为 5%～10%）惰性聚合物黏合剂（通常为聚偏二氟乙烯[84]或特氟隆）可一起压制到金属网（例如 Ni）制成片状或块状器件。在这种情况下，聚合物黏合剂的量应足够大，以确保良好的压实性能，但不能太大，以避免缺乏导电性。避免导电性损失的方法是在复合材料中添加另一种碳源（通常为 10%），如乙炔黑[85]

或炭黑[86]。最后，必须注意的是，在制备过程中使用的压力不能过高，否则会导致这种高度多孔材料的介观结构受到部分损害。

参考文献

[1] Chen Z, Weng D, Wang X, Cheng Y, Wang G, Lu Y. Chemical Communications, 2012, 48 (31): 3736-3738.

[2] Xian Y, Xian Y, Zhou L, Wu F, Ling Y, Jin L. Electrochemistry Communications, 2007, 9 (1): 142-148.

[3] Zhang H X, Cao A M, Hu J S, Wan L J, Lee S T. Analytical Chemistry, 2006, 78 (6): 1967-1971.

[4] Jia N, Wang Z, Yang G, Shen H, Zhu L. Electrochemistry Communications, 2007, 9 (2): 233-238.

[5] Khoshsafar H, Rofouei M K, Bagheri H, Kalbasi R J. Electroanalysis, 2018, 30 (10): 2454-2461.

[6] Li X, Liu J, Sun M, Sha T, Bo X, Zhou M. Microchimica Acta, 2018, 185 (10): 474-482.

[7] Qin Z, Zhao Y, Lin L, Zou P, Zhang L, Chen H, Wang Y, Wang G, Zhang Y. Microchimica Acta, 2017, 184 (11): 4513-4520.

[8] Zhang J, Cui S, Ding Y, Yang X, Guo K, Zhao J. Ceramics International, 2018, 44 (7): 7858-7866.

[9] Zhou M, Ding J, Guo L P, Shang Q K. Analytical Chemistry, 2007, 79 (14): 5328-5335.

[10] Wu S, Ju H, Liu Y. Advanced Functional Materials, 2007, 17 (4): 585-592.

[11] lvaro M A, Benítez M, Cabeza J F, García H, Leyva A. Journal of Physical Chemistry C, 2007, 111: 7532-7538.

[12] Doménech A, García H, Carbonell E. Journal of Electroanalytical Chemistry, 2005, 577 (2): 249-262.

[13] Walcarius A, Sayen S, Gerardin C, Hamdoune F, Rodehuuser L. Colloids and Surfaces A Physicochemical and Engineering Aspects, 2004, 234 (1-3): 145-151.

[14] Xie F, Li W, He J, Yu S, Fu T, Yang H. Materials Chemistry and Physics, 2004, 86: 425-429.

[15] Feng J J, Xu J J, Chen H Y. Biosensors and Bioelectronics, 2007, 22 (8): 1618-1624.

[16] Yu J, Yu D, Zhao T, Zeng B. Talanta, 2008, 74 (5): 1586-1591.

[17] Grinis L, Kotlyar S, Rühle S, Grinblat J, Zaban A. Advanced Functional Materials, 2010, 20 (2): 282-288.

[18] Díaz I, GarcíB n, Alonso B, Casado C M, Morán M s, Losada J, Pérez-Pariente J n. Chemical Materials, 2003, 15: 1073-1079.

[19] Qin Z, Cheng Q, Lu Y, Li J. Applied Physics A-Materials Science and Processing, 2017, 123 (7): 492-500.

[20] Preecharueangrit S, Thavarungkul P, Kanatharana P, Numnuam A. Journal of Electroanalytical Chemistry, 2018, 808: 150-159.

[21] Bai G, Xu X, Dai Q, Zheng Q, Yao Y, Liu S, Yao C. Analyst, 2019, 144 (2): 481-487.

[22] Sekar N K, Gumpu M B, Ramachandra B L, Nesakumar N, Sankar P, Babu K J, Krishnan U M, Rayappan J B B. Journal of Nanoscience and Nanotechnology, 2018, 18 (6): 4371-4379.

[23] Campàs M, Szydlowska D, Trojanowicz M, Marty J L. Biosensors and Bioelectronics, 2005, 20: 1520-1530.

[24] Unal B, Yalcinkaya E E, Demirkol D O, Timur S. Applied Surface Science, 2018, 444 (30): 542-551.

[25] Labiano A, Dai M Z, Young W S, Stein G E, Cavicchi K A, Epps T H, Vogt B D. Journal of Physical Chemistry C, 2012, 116 (10): 6038-6046.

[26] Vadukumpully S, Paul J, Mahanta N, Valiyaveettil S. Carbon, 2011, 49 (1): 198-205.

[27] Wang H S, Li T H, Jia W L, Xu H Y. Biosensors and Bioelectronics, 2006, 22 (5): 664-669.

[28] Selvarajan S, Suganthi A, Rajarajan M. Surfaces and Interfaces, 2017, 7: 146-156.

[29] Ma J, Wang J, Wang M, Zhang G, Peng W, Li Y, Fan X, Zhang F. Nanomaterials, 2018, 8 (2): 73-82.

[30] Zablocka I, Wysocka-Zolopa M, Winkler K. International Journal of Molecular Sciences, 2018, 20 (1): 111-128.

[31] Walcarius A, Kuhn A. Trac-Trends in Analytical Chemistry, 2008, 27 (7): 593-603.

[32] Walcarius A. Analytical and Bioanalytical Chemistry, 2010, 396 (1): 261-272.

[33] Ren Y, Ma Z, Bruce P G. Chemical Society Reviews, 2012, 41 (14): 4909-4927.

[34] Lu Y, Ganguli R, Drewien C A, Anderson M T, Brinker C J, Gong W, Guo Y, Soyez H, Dunn B, Huang M H, Zink J I. Nature, 1997, 389: 364-368.

[35] Grosso D, Cagnol F, A G J A, Soler-Ilia, Crepaldi E L, Amenitsch H, Brunet-bruneau A, Bourgeois A, Sanchez C. Advanced Functional Materials, 2004, 14: 309-318.

[36] Sanchez C, Boissiere C, Grosso D, Laberty C, Nicole L. Chemistry of Materials, 2008, 20 (3): 682-737.

[37] Brinker C J. MRS Bulletin, 2004, 29 (9): 631-640.

[38] Ren Y, Ma Z, Bruce P G. Chemical Society Reviews, 2012, 41: 4909-4927.

[39] Gonzalez C A, Bartoszek M, Martin A, Montes de Correa C. Industrial and Engineering Chemistry Research, 2009, 48 (6): 2826-2835.

[40] Song C, Villemure G. Microporous and Mesoporous Materials, 2001, 679: 44-45.

[41] Etienne M, Quach A, Grosso D, Nicole L, Sanchez C, Walcarius A. Chemistry of Materials, 2007, 19 (4): 844-856.

[42] Smarsly B, Fattakhova-Rohlfing D. Solution Processing of Inorganic Materials. Hoboken: John Wiley & Sons, Inc., 2009.

[43] Arsenault E, Soheilnia N, Ozin G A. ACS Nano, 2011, 5 (4): 2984-2988.

[44] Sallard O S S, Brezesinski T, Rathouský J, Collord D R D A, Smarsly B M. Advanced Functional Materials, 2007, 17: 3241-3250.

[45] Walcarius A, Sibottier E, Etienne M, Ghanbaja J. Nature Materials, 2007, 6 (8): 602-608.

[46] Goux A, Etienne M, Aubert E, Lecomte C, Ghanbaja J, Walcarius A. Chemistry of Materials, 2009, 21 (4): 731-741.

[47] Etienne M, Sallard S, Schroder M, Guillemin Y, Mascotto S, Smarsly B M, Walcarius A. Chemistry of Materials, 2010, 22 (11): 3426-3432.

[48] Robertson C, Beanland R, Boden S A, Hector A L, Kashtiban R J, Sloan J, Smith D C, Walcarius A. Physical Chemistry Chemical Physics, 2015, 17 (6): 4763-4770.

[49] Herzog G, Sibottier E, Etienne M, Walcarius A. Faraday Discussions, 2013, 164: 259-273.

[50] Attard G S, Edgar M, Goltner C G. Acta Material, 1998, 46: 751-755.

[51] Stucky G D, Choi K S, McFarland E W. Journal of Gastroenterology and Hepatology, 2004, 11 (2): 181-184.

[52] Ya Y, Mo L, Wang T, Fan Y, Liao J, Chen Z, Manoj K S, Fang F, Li C, Liang J. Colloids and Surfaces B-Biointerfaces, 2012, 95: 90-95.

[53] Zhang S. Russian Journal of Electrochemistry, 2011, 47 (11): 1257-1261.

[54] Tan X, Li B, Zhan G, Li C. Electroanalysis, 2010, 22 (2): 151-154.

[55] Zhao G, Wang H, Liu G, Wang Z. Electroanalysis, 2017, 29 (2): 497-505.

[56] Zhu Y, Liu X, Jia J. Analytical Methods, 2015, 7 (20): 8626-8631.

[57] Lin H, Ji X, Chen Q, Zhou Y, Banks C E, Wu K. Electrochemistry Communications, 2009, 11 (10): 1990-1995.

[58] Walcarius A. Chemical Society Reviews, 2013, 42 (9): 4098-4140.

[59] Sanchez A, Morante-Zarcero S, Perez-Quintanilla D, del Hierro I, Sierra I. Journal of Electroanalytical Chemistry, 2013, 689: 76-82.

[60] Kooshki M, Shams E. Analytica Chimica Acta, 2007, 587 (1): 110-115.

[61] Wei P H, Li G B. Chinese Journal of Analytical Chemistry, 2005, 33 (5): 703-706.

[62] Safavi A, Maleki N, Moradlou O, Tajabadi F. Analytical Biochemistry, 2006, 359 (2): 224-229.

[63] Jahan-Bakhsh, Ojani R R, Beitollahi H. Electroanalysis, 2007, 19 (17): 1822-1830.

[64] Beitollahi H, Tajik S, Jahani S. Electrocatalysis, 2016, 28 (5): 1093-1099.

[65] Tuurala S, Lau C, Atanassov P, Smolander M, Minteer S D. Electroanalysis, 2012, 24 (2): 229-238.

[66] Habibi B, Jahanbakhshi M. Microchimica Acta, 2015, 182 (5-6): 957-963.

[67] Walcarius A, Luthi N, Blin J L, Su B L, Lamberts L. Electrochimica Acta, 1999, 44 (25): 4601-4610.

[68] Cesarino I, Marino G, do Rosario Matos J, Gomes Cavalheiro E T. Talanta, 2008, 75 (1): 15-21.

[69] Silva M, Morante-Zarcero S, Pérez-Quintanilla D, Sierra I. Sensors and Actuators B-Chemical, 2019, 283: 434-442.

[70] Yantasee W, Deibler L A, Fryxell G E, Timchalk C, Lin Y H. Electrochemistry Communications, 2005, 7 (11): 1170-1176.

[71] Yantasee W, Fryxell G E, Lin Y. Analyst, 2006, 131 (12): 1342-1346.

[72] Sánchez A, Morante-Zarcero S, Perez-Quintanilla D, Sierra I, del Hierro I. Electrochimica Acta, 2010, 55 (23): 6983-6990.

[73] Lai G, Zheng M, Hu W, Yu A. Biosensors and Bioelectronics, 2017, 95: 15-20.

[74] Shimomura T, Sumiya T, Ono M, Ito T, Hanaoka T A. Analytica Chimica Acta, 2012, 714: 114-120.

[75] Hou W, Zhang Q, Dong H, Li F, Zhang Y, Guo Y, Sun X. New Journal of Chemistry, 2019, 43 (2): 946-952.

[76] Carrasco S, Benito-Pena E, Navarro-Villoslada F, Langer J, Sanz-Ortiz M N, Reguera J, Liz-Marzan L M, Moreno-Bondi M C. Chemistry of Materials, 2016, 28 (21): 7947-7954.

[77] Wang H, Liu Y, Yao S, Zhu P. Food Chemistry, 2018, 240: 1262-1267.

[78] Amjadi M, Jalili R. Biosensors and Bioelectronics, 2017, 96: 121-126.

[79] Zhao Y, Xu L, Li S, Chen Q, Yang D, Chen L, Wang H. Analyst, 2015, 140 (6): 1832-1836.

[80] Dai M, Haselwood B, Vogt B D, La Belle J T. Analytica Chimica Acta, 2013, 788: 32-38.

[81] Wang Y, Yang Y, Xu L, Zhang J. Electrochimica Acta, 2011, 56 (5): 2105-2109.

[82] Dai Z, Fang M, Bao J, Wang H, Lu T. Analytica Chimica Acta, 2007, 591 (2): 195-199.

[83] Zheng S, Gao L, Guo J. Journal of Solid State Chemistry, 2000, 152 (2): 447-452.

[84] Zhou H, Zhu S, Hibino M, Honma I. Journal of Power Sources, 2003, 122 (2): 219-223.

[85] Vix-Guterl C, Saadallah S, Jurewicz K, Frackowiak E, Reda M, Parmentier J, Patarin J, Beguin F. Materials Science and Engineering: B, 2004, 108 (1-2): 148-155.

[86] Xu M, Rong Y, Ku Z, Mei A, Liu T, Zhang L, Li X, Han H. Journal of Materials Chemistry A, 2014, 2 (23): 8607-8611.

第五章　无机非金属介孔材料在电化学传感器中的应用研究

利用模板法制备得到的无机非金属介孔材料，由于其拥有许多独特的性质和功能，可以有效地应用于电化学器件中，因此引起了电化学领域专家持续增长的兴趣。本节将对电化学传感器和无机非金属介孔材料这一交叉领域在近二十年来的相关研究进行总结。

根据目前发表文章的研究的内容看：电化学科学和介孔材料之间的交叉领域研究主要集中在以下三个方面：①使用或开发电化学方法来表征模板化介孔结构中的电荷转移和物质传输；②在电极表面电辅助制备介孔薄膜；③利用介孔材料的特征，制备修饰电极，研究其在电分析化学（包含电化学生物传感器）中的应用。这些研究有的很成熟，有的则方兴未艾。其中，为了更有效地理解介孔结构与介孔电极的构效关系，有些研究对介孔材料中物质的传输、电子的传递、电化学传感器性能之间的信息做进一步分析，然而相关工作并不多。值得欣喜的是，近年来，利用介孔材料的特征（开放的孔隙率、具有相互连接的孔的大比表面积、可功能化平台等）在电化学领域的实际应用研究取得了尤为重要的进展。其中，大量的研究工作聚焦于设计特定的介孔体系并将其应用于电化学传感器，这些应用包括：①利用介孔材料或功能化介孔材料的电化学催化性能进行的直接检测；②离子检测；③电化学生物传感器的应用。这些工作不仅具有可行性，而且对实际样品还具有一定的检测能力。例如，尽管介孔材料的引入对传感器性能的提高具有积极的作用。然而，对于如何进一步提高传感器的性能，开发高质量介孔材料，以使传感器呈现出最佳性能，如高灵敏度和选择性，仍然存在诸多挑战，仍有许多问题需要我们去解决。例如：

（1）如何制备具有实际应用特性（如具有一定的抗干扰物质的能力）的连续性介孔薄膜仍需探索。特别是，对于使用硬模板法合成的有序介孔金属氧化物和介孔碳，存在合成成本较高且难以大规模应用的问题。探索可行的、可替代的合成方法是非常必要的。连续性介孔薄膜的制备可促使材料具有更新颖的特性或自身性质发生改进。

（2）介孔材料在其功能化后，可增加更多的优良特性，如离子交换、电催化、吸附和配位等，因此丰富现有材料的修饰方法（有机官能化、用其他无机化合物涂层、纳米颗粒沉积、生物分子固载等）并在此基础上构建介孔多组分复合体系是很有应用价值的。多组分复合体系的构建，不仅可以提供额外的性能，而且还可产生协同效应。丰富材料的功能化方法，可为进一步扩展介孔材料的性能、拓展介孔材料的应用范围刻画出美好的前景。

（3）设计并合成具有机械稳定性和化学稳定性的介孔材料仍是一个任重道远的课题，这对传感器的商业化应用至关重要。此外，确定介孔材料的稳定性操作条件也是需要探索的问题，这对硅酸盐材料来说尤其关键。硅酸盐材料由于水溶液中 Si—O—Si 键水解会引起结构降解而具有相当低的水热稳定性。通常在水溶液中长时间使用，特别是在高 pH 下，可明显观察到介孔材料中有序结构的破坏。因此，基于二氧化硅的介孔材料的使用必须限于酸性到中性介质，并限制在水溶液中的停留时间。鉴于此，二氧化硅介孔材料可用于一次性传感器的制备和应用，但不适合长期使用。

通过以上分析，我们可以看到介孔材料在电化学传感器的应用尽管比较成熟，但还存在问题与挑战。科学的发展不可能一蹴而就，随着材料合成技术的发展及其表征手段的多样化，研究者们会对介孔材料在电化学传感中的性能和规律产生进一步的认识，这些问题终将被解决，必将推动我国乃至世界传感器研究领域的大发展[1-6]。

以下内容旨在对过去 20 年来介孔材料在电分析及电化学传感器（包括直接检测和酶生物传感器）领域的应用情况（检索了近 3000 篇文献）进行总结和分析。其应用方向主要分为两大类：①介孔材料在（化学敏感）的非生物电化学传感器中的应用；②介孔材料在生物电化学传感器中的应用（以酶电化学传感器为主）。

5.1　介孔材料在非生物电化学传感器中的应用

5.1.1　电化学催化

电化学催化是指在电场的作用下，存在于电极表面或溶液相中的修饰物（电化学活性的/非电化学活性的）能促进或抑制在电极上发生的电子转移反应，而电极表面或溶液相中的修饰物本身不发生化学变化的反应机制。电催化的目的：降低电化学反应的过电位，寻求具有较低能量的活化途径，使电极反应在平衡电势附近以高电流密度发生。

在化学敏感的电化学催化研究中，介孔材料在修饰电极中的应用根据介孔材料的导电性与否可区分为导电性（有序介孔碳，ordered mesoporous carbon，OMC）和非导电性（硅基氧化物和金属氧化物）介孔材料，这些介孔材料可以直接用于电极修饰并进行目标物的直接检测或使用合适的催化剂对其进行功能化后再利用。其中，修饰电极的制备路线可分为两种：①将介孔材料作为电极修饰材料可以直接用于修饰电极的制备，并使用制备电极进行目标物的直接检测；②使用合适的催化剂（如金属纳米粒子、电子媒介体等）对其进行功能化后再利用功能化介孔材料制备修饰电极，并将其用于目标物质的直接检测。

在导电介孔材料中，作为电极修饰材料直接用于目标物质检测的介孔材料主要为有序介孔碳（图 5-1）。这是因为有序介孔碳具有高电子传输能力、大比表面积、高机械强度且形貌和结构灵活多变的特点，完全契合了电催化反应对催化剂的要求：电子和物质传输速度快、催化活性位点密度大及催化稳定性高等特点。

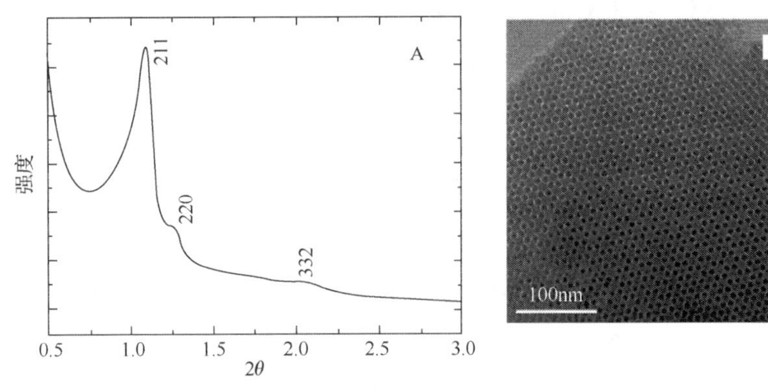

图 5-1　OMC 的 XRD 和 TEM 图

2009 年，中南大学的 Zheng 等研究者利用 OMC 具有的电催化性能（边缘缺陷位点效应），以 Nafion 为黏结剂，制备了 OMC/Nafion 修饰电极，实现了抗坏血酸（AA），多巴胺（DA）和尿酸（UA）混合液在 OMC 修饰电极上的同时测定[7]。此外，相关研究还包括在抗坏血酸存在的条件下，使用介孔碳修饰电极选择性地检测多巴胺[8]，尿酸[9]或肾上腺素[10]等。

利用有序介孔碳的电化学催化性质，还可选择性地检测其他分析物，它们包括二羟基苯或硝基甲苯和硝基苯衍生物[11, 12]。例如，利用有序介孔碳修饰电极可实现典型难分离的同分异构体有机污染物的同时检测[13]；使用差分脉冲伏安法检测 *p*-硝基苯有机磷酸酯具有较低的检出限和较宽的检测范围，构建出的电化学传感器可应用于海水等实际样品的检测[12]；此外，还可检测药物（多西他赛坦酸钙[14]、异烟肼[15]、氯霉素[16]、吗啡[17]、卡维地洛[18]等），以及有机农药甲基对硫磷[19]等；检测体内的生物小分子，如在谷胱甘肽存在下检测 *L*-半胱氨酸[20]、NADH[21, 22]等；检测食品及生活用品添加剂（毒性莱克多巴胺[23]、三聚氰胺[24]、三氯生[25]等）；以及重金属离子（铬（Ⅵ）[26]）等。

与碳纳米管（CNT）、石墨或玻碳电极相比，OMC 的电催化性能通常被认为是优越的（表现为更好的灵敏度、更宽的线性范围和更低的检测限），这归因于介孔材料具有更优良的电子转移能力和催化能力[27]。对于更开放/多孔的 OMC 检测体系，通常能制备得到灵敏度更好的传感器[17, 28, 29]，甚至与石墨烯（GR）相比，介孔碳也表现出优良的电化学催化活性，Wang 使用伏安法和电流分析法作为检测方法，使用一些电化学活性分子（UA、DA、AA、NADH 等），以四个 DNA 碱基和生物分子 dsDNA 作为氧化还原探针，将 OMC 的电化学活性与 GR 的电化学活性进行比较。结果表明，相对于石墨烯修饰电极，介孔碳修饰电极增强了这些化合物的转移动力学的能力。上述电化学差异主要归因于介孔碳独特的有序介孔结构、更高密度的边缘缺陷位点、更少的表面含氧官能团和更大的比表面积。这些结构特性使介孔碳成为构建电化学生物传感平台的良好模型[30]。

尽管 OMC 展示了潜在的催化能力，但是目前它的催化机理还不是很清楚，推测 OMC 的良好催化活性很可能归因于其表面的含氧官能团和缺陷电位等因素。针对于此，Guo 研究组用不同的反应试剂处理 OMC，使 OMC 表面得到不同类型的含氧官能团，用 NADH 和 H_2O_2 为探针来表征含有不同含氧官能团的 OMC 的电催化活性，详细讨论了含氧官能团对 OMC 催化能力的影响。结果表明酸处理的 OMC 展示了最高的电催化活性，然而碱处理的 OMC 的电催化活性与未处理的 OMC 相同。结论是酸处理过程中产生的酸性官能团对 OMC 良好的电催化活性有贡献[29]。

介孔材料（介孔碳、介孔硅等）还可以作为载体固载另一种可能在较低电势下氧化或还原分析目标物的另一导电材料。以介孔碳为载体来说，介孔碳具有较大的比表面积和三维立体介孔结构，能为无机纳米粒子生长提供较为广阔的空间。

介孔碳的介孔结构不仅有利于电极表面反应分子的扩散，还可以作为纳米尺度的反应场所去限制无机纳米粒子的生长，提高纳米粒子的分散性。与宏观材料相比较，无机纳米粒子由于体积效应可表现出很多催化性质。介孔碳和纳米粒子分别具有很多优异的特性，将两种材料结合起来可以得到很好的电化学性质。例如在OMC 材料的介孔网络结构中固载金[31]、铂[32, 33]或钯[34]等贵金属纳米粒子（NPs），可用于 H_2O_2 的电催化检测。这些金属纳米粒子的存在，极大地降低了传感器的操作电压（应用电压接近于 0.0V），提高了电极对 AA、DA、UA 和对乙酰氨基酚的选择性；将银纳米粒子固载于介孔碳中可用于选择性检测碘酸盐[35]；使用 OMC 固载钯[34]或铂[36]可实现对肼的检测，有趣的是，固载的铂[33]或双金属铂—钯纳米粒子[37]的体系还可能在中性条件下催化葡萄糖的直接氧化，而使用非修饰的 OMC 材料则需要在高 pH 条件下完成[38]；将金纳米粒子固载于介孔碳材料中制备印刷电极，可实现对克莱多巴胺的检测[39]；使用固载金纳米粒子的介孔碳制备碳糊电极可以实现儿茶酚和对苯二酚的同时测定[40]。

近年来还出现了更复杂的固载金属纳米粒子的多孔碳体系。其中将聚合物与金属纳米粒子共同固载于介孔中制备的复合物修饰电极，可有效改善金属离子在还原过程中的团聚问题，为电极性能的改善提供了一个新的平台。例如，Bo 等通过原位聚合的方式，将离子液体单体 3-乙基-1-乙烯基咪唑四氟硼酸盐（$[VEIM]BF_4$）聚合于 OMC 上。在此基础上，常温下用甲酸还原法将 Pt 纳米粒子负载其上，来制备 Pt/PIL/OMCs 修饰电极。由于介孔碳表面的聚合离子液体可以提供足够的结合位点来固定带异性电荷的金属离子的前体，继而还原可得到负载有超细的 Pt 纳米颗粒的载体材料。与不含聚合离子液体的 Pt/OMCs 纳米复合电极相比，Pt/PIL/OMCs 电极表现出对过氧化氢（H_2O_2）更高的电催化活性，即宽的线性范围、高的灵敏度、低的检出限和良好的抗干扰能力，Pt/PIL/OMCs 纳米复合材料有望被开发为一种用于电化学传感器和生物传感器的新型材料[41]。Li 等研究者使用微波辅助方法快速合成了十二烷基苯磺酸钠聚合物及钯纳米粒子功能化的有序介孔碳（Pd-SOMC）杂化纳米复合材料，通过详细的表征来验证复合材料的形成（例如能量色散 X 射线光谱，X 射线光电子能谱，X 射线衍射，电化学阻抗谱和 TEM）。透射电子显微镜图像显示，平均粒径为 1 μm 的 Pd 纳米粒子 3.82 nm 均匀分散在 OMC 表面。Pd-SOMC 的新型纳米复合材料由于同时具有 Pd 纳米颗粒和 OMC 的电催化性能，因此发挥出良好的协同作用。Pd-SOMC 的成功设计为电化学传感器的发展提供了更光明的前景，是促进新电极材料开发的有意义方式[42]。Yan 等将聚多巴胺电聚合在 OMC 修饰电极基底上，聚多巴胺结构内的氨基和酚单元，增强了 OMC 的水溶性，从而使 Pt 纳米粒子更均匀地分散在 OMC-PDA 表面。与不含聚合物的 OMC/Pt 相比，OMC-PDA/Pt 复合物电极对 H_2O_2 电催化还原和肼（N_2H_4）的电化学氧化都有增强作用[43]。Fang 等研究者将压电技术与分子印迹技术相结合，制备了修饰有介孔碳—金纳米颗粒功能复合物的石英晶体金电极，并在其表面电聚合邻氨基苯硫酚形成分子印迹聚合物膜，从而特异性检测枯霉素。此研究中，介孔碳—金纳米颗粒功能复合物作为压电传感器的增敏材料，凭借其三维结构和大比表面积，增加了修饰电极表面有效印迹位点的数量并进一步提高制备传感器的灵敏度[44]。这些研究证实了将聚合物与介孔碳材料组合在一起能够大大增加介孔碳材料的活性位点，使金属纳米粒子更好地分散在碳材料上，进而增强其电催化活性。

Zheng 利用阳离子表面活性剂对介孔碳进行功能化处理，成功得到了具有良好水溶性的复合物，然后利用水热反应，将类石墨烯材料二硫化钼负载于复合物表面，并利用此材料制备了一种修饰电极，然后研究了 *L*-半胱氨酸在该修饰电极上的电化学行为。研究结果表明，这种复合材料对含硫基团的氨基酸具有良好的电化学响应，这种材料可以用于类生物小分子的电化学检测分析[45]。Xu 等报道了基于离子液体功能化有序介孔碳的 Pd/MoS_2 复合材料（Pd/MoS_2-IL-OMC）制备槲皮素（QR）传感器的工作。在此工作中，合成的 Pd/MoS_2-IL-OMC 复合材料是以离子液体为功能化基团，OMC 为基底制备 IL-OMC 材料，在 IL-OMC 表面原位生长 MoS_2 纳米片，然后在 MoS_2 纳米片上原位生长 Pd 纳米颗粒。由于纳米复合材料结合了 IL-OMC 的高电导率和 Pd 纳米颗粒、MoS_2 的电催化活性，所以得到的传感器对 QR 表现出良好的性能，优于 MoS_2-IL-OMC 和 Pd/IL-OMC 复合物修饰电极，并可用于实际样品中 QR 的检测[46]。

以上研究证明 OMC 材料是一种特别有潜力的电化学基底，可提供一个支持多种物质固载的平台，为电极性能的提高提供了可能。

另一种提高介孔电极灵敏度，加强电极选择性的方法是使用电子媒介体进行电催化。电子媒介体在电分析应用方面是非常重要的，因为电子媒介体能够降低很多电化学活性检测物质在电极表面的过电势。方程（5-1）～方程（5-3）描述了在电子媒介体的作用下，还原性反应物质（S_{Red}）被氧化为氧化产物（P_{ox}）的机理。

$$S_{Red} - ne^- \rightarrow P_{ox}\,(E_S^{\circ'} \gg E_S^{\circ}) \tag{5-1}$$

$$S_{Red} + M_{ox} \rightarrow P_{ox} + M_{Red}\,(E_S^{\circ} < E_M^{\circ}) \tag{5-2}$$

$$M_{Red} - ne^- \rightarrow M_{ox}\,(E_M^{\circ'} \cong E_M^{\circ}) \tag{5-3}$$

首先，假设将 S_{Red} 电化学氧化为 P_{ox} 需要很高的过电位 $E_S^{\circ'} \gg E_S^{\circ}$，（方程 5-1，其中小角标 S 代表反应物，$E_S^{\circ}$ 表示不存在动力学限制时理想状态下反应物的氧化还原电位），加入电子媒介体（具有很快的电子转移速率）后，由于在 $E_M^{\circ'} \cong E_M^{\circ}$ 的电位附近可以电致生成 M_{ox}（方程 5-3），进而与还原性的 S_{Red} 进行反应生成 P_{ox}，并伴随着 M_{Red} 的再生（表现为媒介体还原电流的增加），来降低反应的电势势垒。

从图 5-2 中可以看出，通过电子媒介体进行电子转移后，S_{Red} 的氧化电位要比存在动力学限制条件下的电位明显负移，即实现了反应电势势垒的降低。

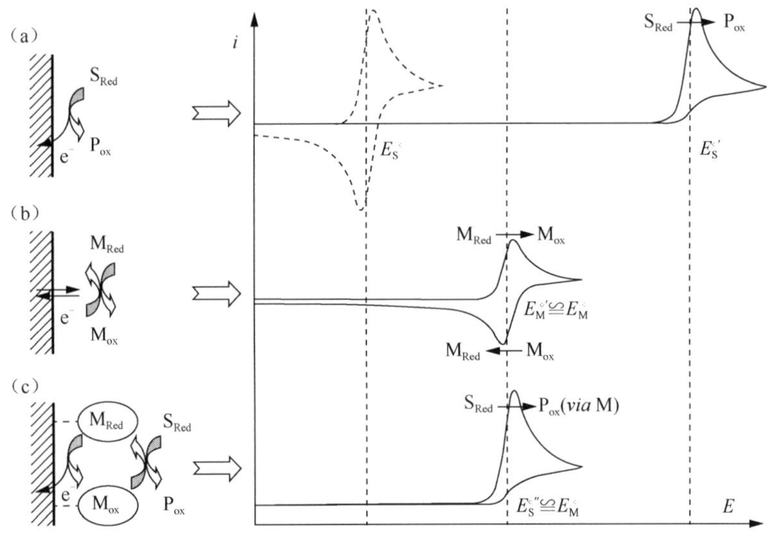

图 5-2　电子媒介体修饰电极上的电催化基本原理

（a）还原性底物在未修饰电极上直接被氧化为氧化物时产生过电势。其中，虚线表示无动力学限制条件下的氧化还原过程；（b）具有快速的电子转移动力学的电子媒介体的电化学 CV；（c）通过固载于电极表面的电子媒介体实现了还原性底物在电极表面的催化氧化

从应用的角度来看，将媒介体固载在电极表面是非常重要的，并且介孔材料的自身特性也意味着其是固载媒介体的优良载体，有利于制备无试剂（生物）传感器。值得注意的是，如果在介孔中固载了媒介体的电极实现了电催化，那么这种电化学活性电极往往在电化学生物传感器领域中可以找到最广泛的应用。已经有几类电子媒介体被固载在 OMC 修饰的电极表面/孔道内，并被应用于各种分析

物的电催化检测。电子媒介体包括一些无机化合物，如多金属氧酸盐 $H_6P_2Mo_{12}O_{62} \cdot xH_2O$（用以检测亚硝酸盐、溴酸盐、碘酸盐和 H_2O_2[47]），铈（III）12-钨磷酸（用于分析鸟嘌呤，腺嘌呤或其两者混合物[48]）以及铈或钴的六氰基合铁盐（用于肼[49]和 *L*-多巴胺[50]的安培检测）；一些金属氧化物、氢氧化物或硫化物，如 $Ni(OH)_2$[51]、Cu_2S[52]或 Fe_3O_4[53]，他们都具有对 H_2O_2 的电催化性能；一些有机金属催化剂也用于此目的，如使用二茂铁衍生物用于检测抗坏血酸[54]和尿酸[55]，或将双核钴酞菁用于 2-巯基乙醇的安培检测[56]；此外，一些具有氧化还原性质的有机分子或聚合物可以通过浸渍或电聚合固载到 OMC 表面，此方面研究包括使用尼罗河蓝（Nile Blue）[57]、梅尔多拉的蓝（Meldola's Blue）[58, 59]、四硫富瓦烯（tetrathiafulvalene）[60]用于分别检测 NADH、H_2O_2 和溶解氧，而选用多硫堇[61]、聚-Azure B[62]、聚中性红[63]或聚儿茶酚[64]固载于 OMC 上，可实现对 NADH 的选择性检测。

介孔碳、介孔硅材料具有比表面积大、物质传输空间大和孔道可调等优点，其在电化学传感器领域也起到重要的作用。研究表明，介孔硅基材料也是固载媒介体的优良载体，通过滴涂/沉积为薄膜或分散在碳糊电极中等方式应用于电化学催化研究。例如，Xie 等研究者以介孔硅 MAS-5 为载体，利用静电相互作用原理，固载季铵化的含 Os（锇）聚（4-乙烯基吡啶）氧化还原聚合物制备修饰电极实现了对亚硝酸根离子的电催化还原，基于此进一步可以实现对亚硝酸根离子的电化学检测[65]。但是，由于介孔硅表面仅富含羟基（缺乏其他具有反应性的官能团），因此难以与大部分电子媒介体在温和条件下直接发生离子交换等作用，致使电子媒介体无法实现在孔道结构中的直接、有效固载。因此，将介孔硅表面功能化，利用价键到介孔硅表面的基团，通过静电作用或化学反应，实现媒介体的固载[66]。例如，利用静电相互作用，可将带有负电荷的多金属氧酸盐或普鲁士蓝衍生物被固载到胺（质子化）功能化的介孔硅中[67, 68]；使用氨基化或离子液体功能化介孔硅固载铁氰根离子，利用铁氰根离子在酸性条件下的分解作用，可以制备 PB 修饰的介孔硅修饰电极，用于检测过氧化氢[69]；使用 12-钨磷杂多酸阴离子和 1 : 12 磷钼酸阴离子分别作为电子媒介体，固载于氨基化介孔硅（FSM-16、MCM-41）制备修饰电极，可用于安培检测 NO_2[70]和 ClO_3/BrO_3[68]。

基于以上研究，还可以建立更复杂的体系，例如制备硫醇功能化的 MCM-41，并吸附上 Ag/Au 纳米粒子，然后再固载锌酞菁于纳米粒子上。该体系具有协同效应，可用于电催化还原分子氧[67]。

按照检测对象的不同，介孔修饰电极在电催化传感器方面的应用主要分类如下：

（一）人体中生物小分子检测

生物小分子在人体新陈代谢及生命过程中起着至关重要的作用，与人类的健康息息相关。生物小分子包括水、多巴胺（DA）、抗坏血酸（AA）、尿酸（UA）、氨基酸、核苷酸、脂类、维生素、葡萄糖、果糖等，这些具有不同活性的生物小分子在细胞间不断地传递生命信号、控制人类情感和行为，以及调节新陈代谢等机体生命活动，通过相互影响来共同调节生命机体的平衡。

多巴胺（DA）、抗坏血酸（AA）、尿酸（UA）是人体新陈代谢中三种重要的生物小分子。人体缺乏多巴胺可导致精神分裂、帕金森病等；缺乏抗坏血酸可导致坏血病；尿酸代谢紊乱则会引起痛风。能够对三种物质进行精确检测，对相关疾病的诊断具有重要意义[71]。由于 AA、DA、UA 均为具有电化学活性的生物小分子，因此，采用电化学方法检测上述物质浓度具有一定的优势。但它们通常共存于相同的生理环境中，在电化学检测中，三者的氧化峰电位十分接近，若使用常规的电极，电化学响应信号会互相干扰，致使检测的灵敏度低且选择性不高[1]。为了实现三者的同时检测，以聚合物[72]、纳米材料[73]、离子液体[71]等为修饰材料的修饰电极应运而生。

2009 年，中南大学 Zheng 等研究者通过简单的滴涂方式，首先使用 OMC/Nafion 修饰电极，实现了 AA，DA 和 UA 的混合物在 OMC（ordered mesoporous carbon）修饰电极上的同时测定（图 5-3A）[7]。如图所示，AA、DA、UA 共存物在裸 GCE 电极和 Nafion/GCE 电极上仅表现为单峰（约 0.35V，曲线 a 和 b）。共存体系的循环伏安曲线则表现出良好分峰现象（曲线 c）。这说明 OMC 具有电催化性能，这归因于介孔碳材料具有边缘缺陷位点效应[74]。

在此基础上，使用 DPV 技术，在三种组分共存电解质溶液中，改变其中一种组分浓度，固定其他两种组分浓度条件下，研究 AA、DA 和 UA 在 OMC/Nafion/GCE 上随着浓度不同，氧化峰电流的变化（图 5-3B），可以得到 OMC/Nafion/GCE 电极对 AA、DA、UA 的检测范围（表 5-1）。此外，以人体尿液为支持电解质（含 UA），并加入 DA、AA 组成三组分共存生物样品，以 OMC/Nafion/GCE 为检测电极，通过变换尿液中的单组分含量，完成了 OMC/Nafion/GCE 对生物样品中 AA、DA、UA 的检测。实验结果表明样品回收率均小于 5%。

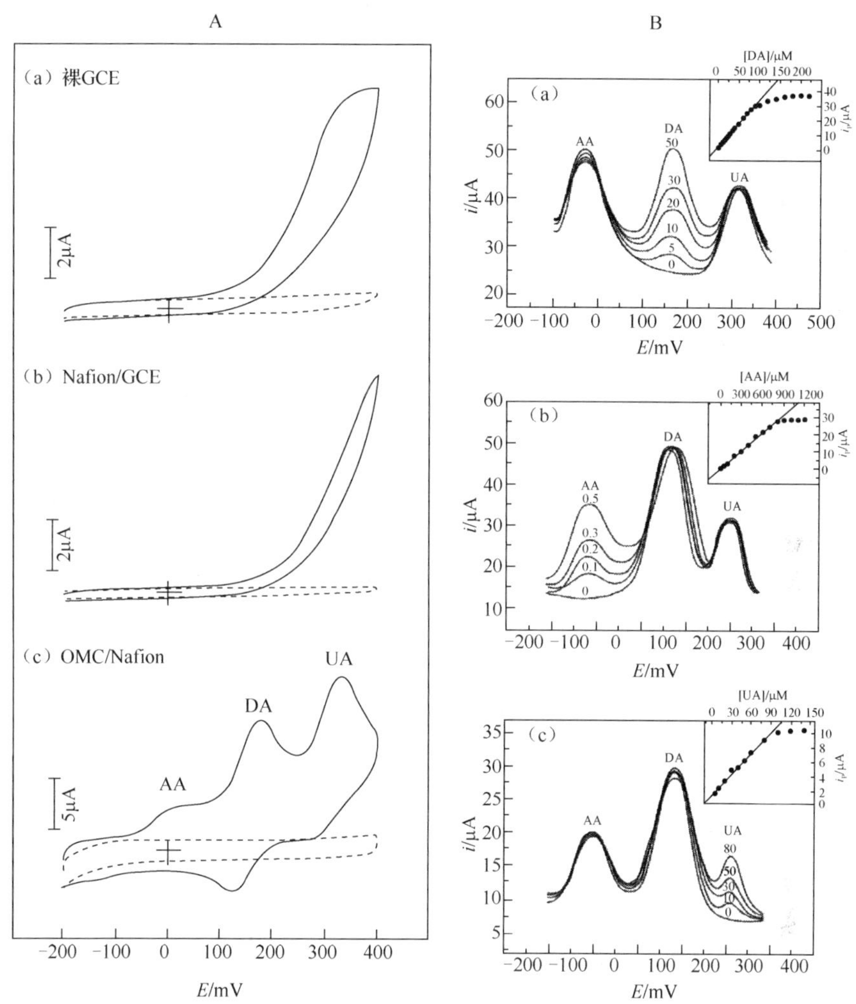

图 5-3A 裸 GCE、Nafion/GCE、OMC/Nafion 膜电极在 pH=7.4 PBS 中不含 AA，DA，UA（虚线）和含有 0.25 mM AA，0.25 mM DA 和 0.5 mM UA（实线）的循环伏安曲线。

图 5-3B （a）OMC/Nafion/GCE 在 1.5 mM AA 和 1.0 mM UA 中含有不同 DA 浓度的 DPV 曲线；（b）OMC/Nafion/GCE 在 0.1 mM DA 和 1.0 mM UA 中含有不同 AA 浓度的 DPV 曲线；（c）OMC/Nafion/GCE 在 1.0 mM AA 和 50 μM DA 中含有不同 UA 浓度的 DPV 曲线

表 5-1 检测 DA、AA 和 UA 的校正曲线参数

生物分子	浓度范围（μM）	回归方程 i_p *vs.* α（$\mu A \cdot \mu M^{-1}$）	相关系数	检测限（μM）
多巴胺	1～90	$i_p = 0.336c + 0.366$	0.996	0.5
抗坏血酸	40～800	$i_p = 0.335c - 0.202$	0.998	20
尿酸	5～80	$i_p = 0.098c + 1.286$	0.997	4.0

此后，不同形貌的介孔碳材料、功能化的介孔碳材料和介孔碳复合材料也被应用于 UA、DA、AA 的同时测定。例如：2011 年，Xiao 等作者使用 N 掺杂介孔碳微球（使用 N，N-二甲基甲酰胺将微球进行混合）制备了 HNCMS/GC 电极[75]；2012 年，Yue 等研究者使用介孔碳纤维修饰到裂解石墨电极制备了 MCNF/PGE 电极[76]；2016 年，Joshi 使用富含 N 的介孔碳材料制备了 MNC-800/Nafion/GCE 电极[77]用于 AA、DA、UA 的检测。此外，碳纳米管—介孔硅复合材料[78]，非硅基金属氧化物介孔材料如 SnO_2[79]等也可以实现 AA、DA、UA 的有效测定。我们将近十年来研究者们使用各种电极检测 AA、DA、UA 的研究工作进行了对比，如表 5-2 所示。

表 5-2 不同电极检测 AA、DA、UA 的相关数据

电极	电压（mV）	线性范围	检测限（μM）	文献
OMC/PGE	DA: −57 UA: −66 AA: −46	DA: 0.05～30 μM UA: 0.5～120 μM AA: 0.1～10 mM	DA: 0.02 UA: 0.2 AA: 50	[80]
OMC/Nafion/GCE	DA: 190 AA: 0 UA: 340	DA:5～50 μM UA: 1.0～1.5 mM AA: 1.0～1.5 mM	DA: 0.5 AA: 20 UA: 4.0	[74]
MNC-600	DA: 276 AA: 47 UA: 395	DA: 0.001～30 μM AA: 1～700 μM UA: 0.01～150 μM	DA: 0.001 AA: 0.01 UA: 0.01	[81]
HNCMS/GC	DA: 182 AA: 14 UA: 296	DA: 3～75 μM AA: 100～1000 μM UA: 5～30 μM	DA: 0.02 AA: 0.91 UA: 0.04	[82]
SWCNTs/GC	DA: 180 AA: 80 UA: 325	DA: 0.5～100 μM AA: 15～800 μM UA: 0.55～90 μM	DA: 0.28 AA: 6.68 UA: 0.26	[83]

续表

电极	电压（mV）	线性范围	检测限（μM）	文献
SnO_2/CHIT	DA: 337 AA: 178 UA: 592	DA: 1～18 μM AA: 20～220 μM UA: 1～100 μM	DA: 0.77 AA: 6.45 UA: 0.89	[84]

注：OMC/PGE：介孔碳纳米纤维-裂解石墨修饰电极；
OMC/Nafion/GCE：有序介孔碳/萘酚复合物膜；
MNC-600：含氮介孔碳材料；
HNCMS/GC：空心氮掺杂碳热解微球材料；
SWCNTs/GC：在高分散 Ni-SBA-15 上快捷可控生长的单壁碳纳米管材料；
SnO_2/CHIT：介孔氧化锡/壳聚糖复合物修饰电极。

通过对比，我们可以发现能够实现三组分同时检测的体系中，使用的电极以碳材料修饰电极为主，其中，AA、DA、UA 在这些碳修饰电极表面氧化电势偏差不大[74, 80-83]，而在非硅基氧化物修饰电极上，三者的氧化电位偏高[84]。其次，在这些材料的选择上，N 掺杂的碳材料占据了一定的比例，N 掺杂介孔碳修饰电极相对于没有掺杂的电极表现出更好的线性范围。这是因为该类杂原子（如 N）掺杂的碳材料改变了碳的电子给体/受体特性，可有效提高其电化学性能[81, 82, 85]。

除了 AA、DA、UA，利用人体体液中的其他共存小分子也可以构建共存体系，并使用介孔修饰电极进行直接检测[86-92]。例如：肾上腺素（EP）是儿茶酚胺的主要存在形式之一，以大型有机阳离子形式存在于神经组织和体液中，参与了一系列生物学反应和神经化学过程[93]，EP 和 UA 经常共存于人体的生物体液中，如尿液和血液，所以同时测定混合物中的 UA 和 EP 可有效监控人体健康情况或进行疾病监测[94]。Luo 等研究者使用介孔碳修饰的玻碳电极，通过差分脉冲伏安法实现了肾上腺素和尿酸的同时测定[95]。又如：氨基酸在人体新陈代谢过程中起着重要的作用，是人体健康状况的重要参数。其中，色氨酸（Tryptophan，Trp）和酪氨酸（Tyrosine，Tyr）是两种人体必不可少的氨基酸，是生物体蛋白质生物合成的重要成分。色氨酸合成体内烟酸、褪黑激素、血清素和其他相关生物分子的必需前体。由于 Trp 不能直接在人体内合成，因此只能通过食物或补充剂获得。在高剂量时，色氨酸可能表现出副作用，如激动、精神错乱、腹泻、发烧、恶心等，在人体内含量太低会影响睡眠质量。酪氨酸 Tyr 全称为 2-氨基-3-对羟苯基丙酸，它是一种含有酚羟基的芳香族极性α-氨基酸，是人体中生酮生糖氨基酸酪氨酸。酪氨酸对人类建立和维持营养平衡也是必不可少的。Tyr 的异常数量与某些人类疾病直接相关，其高数量可引起痴呆或帕金森病等，而缺乏 Tyr 可能导致抑郁、白化病等。它们是合成许多神经递质及其他多种重要化合物的前体物质，其代谢状况对人体有重要的病理及生理意义。Tashkhourian 等研究者制备了介孔硅 MCM-41 碳糊修饰电极，并研究了酪氨酸和色氨酸介孔二氧化硅纳米粒子修饰碳糊电极（MSN/CPE）上的电化学行为，通过优化实验参数，结合 H 点标准加入法（HPSAM，一种简单的双变量化学计量技术，用于在样品中存在分析物和干扰物时获得无偏分析物浓度的方法）进行分析，解决了 MSN/CPE 电极对二者选择性不高的缺点（二者氧化电位相近），实现了酪氨酸（Tyr）和色氨酸（Trp）的同时测定。同时，该方法还可应用于人工尿液的分析，实验结果表明测得的检测限与其他修饰电极上的报道相吻合[96]。

（二）有机污染物的测定

目前，由于经济可持续发展的需要，污水处理十分必要。污水处理是环境保护的重要组成部分。但污水处理技术相对滞后，很多工厂和生活污水得不到有效治理。水体中除含有无机污染物外，更含有大量的有机污染物，它们以毒性和使水中溶解氧减少的形式对生态系统产生负面影响，危害人体健康。医学研究表明，80%～90%的癌症与环境因素有关，而绝大多数致癌物质则是有毒有机物。因而，有机污染物分析对于环境污染物的检测和防治工作具有重要的研究意义(表 5-3)。

表 5-3　我国水中优先控制污染物黑名单

序号	种类	污染物
1	挥发性卤代烃	三溴甲烷（溴仿），四氯化碳、四氯乙烯、三氯乙烯、1,1,2,2-四氯乙烷、1,1,2-三氯乙烷、1,1,1-三氯乙烷、三氯甲烷、1,2-二氯乙烷、二氯甲烷，计 10 个
2	苯系物	对二甲苯、邻二甲苯、间二甲苯、甲苯、乙苯、苯，计 6 个
3	氯代苯类	邻二氯苯、六氯苯、对二氯苯、氯苯，计 4 个
4	多氯联苯	1 个
5	酚类	苯酚、间甲酚、2,4-二氯酚，五氯酚、对硝基酚、2,4,6-三氯酚，计 6 个
6	硝基苯类	硝基苯、2,4-二硝基甲苯、对硝基甲苯、对硝基氯苯、2,4-二硝基氯苯、三硝基甲苯，计 6 个
7	苯胺类	二硝基苯胺、2,6-二氯硝基苯胺、对硝基苯胺、苯胺，计 4 个
8	多环芳烃类	萘、荧蒽、苯并[a]芘、苯并[b]荧蒽、苯并[k]荧蒽、苯并[ghi]芘、茚并[1,2,3-c,d]芘，计 7 个
9	酞酸酯类	酞酸二丁酯、酞酸二甲酯、酞酸二辛酯，计 3 个
10	农药	滴滴涕、对硫磷、敌敌畏、六六六、除草醚、乐果、甲基对硫磷、敌百虫（美曲膦酯），计 8 个
11	丙烯腈	1 个
12	亚硝胺类	N-亚硝基二正丙胺、N-亚硝基二甲胺，计 2 个
13	氰化物	1 个
14	重金属及其化合物	铍及其化合物、砷及其化合物、汞及其化合物、铊及其化合物、铬及其化合物、铜及其化合物、镍及其化合物、镉及其化合物、铅及其化合物，计 9 类

电化学检测有机污染物通常有两种方式：直接测定和间接测定。对具有电化学活性（可在电极上发生氧化或还原反应）的有机污染物，利用有机污染物在电极表面发生的氧化还原反应产生电流、电压及电阻变化的信息可进行直接的定性、定量的分析测定。例如：不饱和烃、有机卤代化合物、羰基化合物、有机酸、硝基及亚硝基化合物、偶氮化合物、胺类、亚氨基化合物、腈类、杂环化合物、含双硫键或硫醇键化合物等。对不含电化学活性基团的有机污染物，可以通过间接处理方式（如与金属离子络合等方式）将非电化学活性物质转变为可以发生电极反应的电化学活性物质，再联合电化学技术进行间接测定。

硝基苯是一种芳香族硝基化合物，是一种有毒且会引起癌症的有机化合物，由于被广泛应用于生产染料、杀虫剂、增塑剂、炸药及溶剂而进入环境中。在硝基苯的使用、储存、运输过程中容易泄漏，常常对地下水构成污染。即使在很低的浓度下，硝基苯也能对环境和人类构成严重的危害。目前，已有使用介孔材料（介孔硅、介孔碳为主）制备电化学传感器进行相关污染物检测的工作发表[97-102]。例如：2014 年卢小泉等研究者使用介孔硅 SBA15 为模板，通过一步法合成技术，制备了固载银纳米粒子的氮—掺杂介孔碳（N-OMC），并用于制备修饰电极。研究结果表明，该电极对硝基苯具有良好的电化学还原响应。利用该性质，可以检测到低于 6.61nM（1M=1mol/L）浓度的硝基苯，这表明金属纳米粒子功能化的 N-OMC 对硝基苯还原具有良好的协同作用，同时 Ag 功能化的 N-OMC 的成功应用也为快速、简单、灵敏的检测硝基苯提供了一个新平台。Gupta 等研究者于 2017 年利用介孔硅 MSM 的大比表面积、高孔隙、明确孔道结构的特点，以及金纳米粒子的高化学稳定性和良好的电化学催化性，制备了纳米金修饰介孔二氧化硅微球电化学传感器，用于检测肼和硝基苯。电化学阻抗研究表明，GC/Au-MSM 比 GC/MSM 电极具有更好的导电性，且在中性溶液中，Au-MSM 复合材料表现出对肼氧化和硝基苯还原的良好催化活性，且检测限低，选择性好[97]。

双酚 A 作为典型的苯酚，目前被大量用于消费品的生产中，例如：合成聚碳酸酯、环氧树脂和制备其他特种添加剂，并由此导致双酚 A 存在于我们的环境中并逐渐向人体迁移。双酚 A 是一种环境激素，对人体皮肤、消化道、呼吸道及角膜等会产生中强度刺激，还会模拟和干扰内源性雌激素，对生物繁殖、生长发育、神经系统、免疫系统等产生不利影响。因此，为保护公众健康及环境安全，开发一种快速、简单、灵敏的检测双酚 A 的方法是非常重要和迫切的。2015 年，Li 等研究者采用一定比例的纳米石墨粉、介孔碳 CMK-3、离子液体（1-丁基吡啶六氟磷酸）和石蜡油进行混合，制备了 CMK-3 改性介孔碳离子液体糊电极（CMK-3/nano-CILPE）。然后，使用线性扫描伏安技术（LSV）研究了双酚 A 在该电极表面的电化学行为。相对于传统的碳糊电极，改性后的介孔电极对双酚 A 表现出良好的电化学活性，能够检测 0.2～150 μm 范围内的双酚 A。此外，该方法还可成功地用于测定从饮料瓶和塑料袋中浸出的双酚 A，回收率良好[103]。2018 年，Zeng 等研究者通过有机自组装方式制备了硼掺杂介孔碳材料，并通过后期滴涂的方式制备了聚合物/碳纳米管 Au 纳米粒子/硼掺杂有序介孔碳复合材料。在此基础上，以邻苯二胺和邻甲苯胺为聚合物前体，通过电沉积制备了分子印迹电极。由于修饰电极的复合材料具有多孔的三维结构，比表面积大，识别能力强，对双酚 A 的电催化作用强的特点，因此对双酚 A 具有灵敏的选择性电化学响应。在最佳条件下，用差分脉冲伏安法测定，线性检测范围为 0.01～10 μm；检测限低，为 5 nm。该方法可应用于牛奶样品中双酚 A 的测定[104]。除了介孔碳，介孔硅也被用来制备修饰电极及分子印迹电极，用于双酚 A 的检测。例如，2009 年，Wu 等以介孔二氧化硅 MCM-41 为原料制备了碳糊电极，用于制备双酚 A 电化学传感器，并与在同样方法下制备的碳纳米管、活性炭、硅凝胶和石墨基双酚 A 电化学传感器性能做了比较。研究表面，与其他传感器相比，MCM-41 传感器具有较大的有效比表面积和较高的富集效率，大大提高了双酚 A 的响应信号[105]。2011 年，Wang、Xu 等研究者使用氨基化介孔硅 SBA 为载体，以 TEOS 为反应前体，经过聚合、洗脱，制备了能够检测双酚 A 的分子印迹传感器，并可用于水样检测，结果令人满意[106]。

有机磷农药是目前最常用的一类农药，具有易分解、杀虫效率高和对植物危害小等特点，其用量大、残留多，通过食品链在人体累积后可致畸、致癌、致突变。因此，建立一种快速、灵敏和简便的有机磷农药残留检测方法是非常必要的。电化学传感器中，一般使用酶电化学传感器对其进行检测（第一代电化学传感器，见第五章 5.2.3）。还有一部分工作利用电催化进行检测，例如：Jiao 等研究者使用介孔碳壳聚糖功能化 OMC 与二茂铁（Fc）—壳聚糖—多壁碳纳米管为电极修饰材料，并在其表面进一步固载毒死蜱适配体，制备了 BSA/Apt/ Fc@MWCNTs/OMC/GCE 修饰电极。在这个体系中，壳聚糖功能化 OMC 起到了电子桥的作用。CS-Fc-MWCNTs 材料作为电化学适配传感器的信号放大器，还起到固载适配体的作用。实验结果表明该传感器可用于检测蔬菜样品中毒死蜱的浓度。这种材料间的协同效应，为制造一种简单灵敏的毒死蜱传感器提供了新方法[107]。此外，

Cao 还使用脲功能化 SBA-15 修饰石英晶体微天平电极，以甲基膦酸二甲酯模拟有机磷农药，制备了有机磷气体传感器[108]。除了介孔硅和介孔碳，Huo 还使用介孔 ZrO_2 制备了有机磷无酶传感器，通过对在线预富集甲基对硫磷后的差分脉冲结果进行分析，发现该传感器稳定、灵敏、选择性好，这主要归功于 ZrO_2 均匀的介孔结构、高结晶框架及其对磷酸盐的特异亲和力[109]。

（三）药物检测

羟苯磺酸钙（calcium dobesilate）是一种选择性地作用于毛细血管壁的血管扩张剂、抗氧化剂，主要用于治疗多种原因引起的毛细血管疾病，如糖尿病视网膜病变、静脉曲张、静脉炎、腿痉挛、炎痒性皮炎等症。尽管本药物利用度高、毒性较低，但本品的应用同样也会为身体带来副作用。羟苯磺酸钙具有电化学活性，其氧化电位与 AA、UA 和 5-羟色胺相近。因此针对该药物建立一种具有选择性的灵敏的电化学检测方法显得很重要。Hu 等以裂解石墨（PGE）为基底，使用 OMC 的 N,N-二甲基酰胺分散液进行电极涂覆，制备了相应的修饰电极（OMC/PGE）并用以检测羟苯磺酸钙。研究结果表明，该电极可在排除 AA、UA 和 5-羟色胺的干扰基础上实现对羟苯磺酸钙的检测[14]。

异烟肼作为一款经典的抗结核药，早在 1952 年就投入使用了。它能够杀死或抑制结核杆菌，效果非常好，而且价格非常低廉，因此，几乎是每一个结核病人都必须服用的药物。但是，异烟肼也并非完美的神药，它同样具有一定的副作用。服用异烟肼的人可能会出现恶心、呕吐等胃肠道反应，也可能出现过敏反应，包括斑疹、丘疹等；更严重的，还有可能出现再生障碍性贫血、血小板减少症等；如果过量服用，还可能出现周围神经病变和肝炎。因此，有效检测异烟肼的浓度是非常必要的。2011 年 Yan 等以 Nafion 为黏结剂，使用 OMC 制备了 Nafion-OMC/GC 修饰电极，在 pH 中性条件下，异烟肼在该电极上于 0.22V 就出现了氧化峰，较前期（FcM）TMA/Pt 电极[110]和 PASA 电极[111]，Nafion-OMC/GC 表现出灵敏度高、线性范围宽、检出限低、抗干扰能力强和稳定性好等优异的性能[15]。2019 年，Balasubramanian 等使用 B/N 掺杂的 OMC 制备了丝网印刷电极（BNDC/SPCE），用于异烟肼浓度检测[112]。实验结果表明，异烟肼在 BNDC/SPCE 上，于 0.25 V 附近出现了氧化峰，较裸丝网印刷电极，BNDC/SPCE 对异烟肼表现出更好的电化学催化氧化能力，线性检测范围为 0.02～1783 μM，检测限为 1.5 nM。较 2011 年报道的使用无掺杂 OMC 制备的 Nafion-OMC/GC 修饰电极对异烟肼的检测性能（线性检测范围 0.1～370 μM，检测限 0.8 nM）而言，使用 BNDC 能够大大提高对异烟肼的线性检测范围[15]。这是因为当向碳材料中引入氮、硼等杂原子后，碳材料的电子分布发生了变化，从而导致掺杂型碳材料在电子、物理、化学等方面表现出特殊性能。Balasubramanian 等的研究进一步说明了 BNDC/SPCE 传感器性能的提高主要是因为 BNDC 具有大比表面积、低孔径、丰富的活性位点及增强的导电性。

雌二醇（estradiol），亦称“动情素”、“求偶素”，是雌激素的一种，它在人体激素中含量最多，活性也最强，由卵巢内卵泡的颗粒细胞分泌。其代谢物是雌酮及雌三醇。雌激素能促使细胞合成 DNA、RNA 和相应组织内各种不同的蛋白质，影响性功能的发育和维持性别特征，它们的浓度和变化与人类健康状况是密切相关的。因此关于雌激素的相关电化学工作也有所报道。例如，Luo 等采用一步电化学技术在玻碳电极表面制备了可控厚度的新型聚（l-脯氨酸）介孔碳薄膜（PPOMC），并进一步用于天然雌激素的电化学传感平台的构建。该团队分别研究了雌酮、雌二醇和雌三醇雌激素在电极 PPOMC 表面的电化学行为，指出电极对三种雌激素特别是雌二醇具有很强的电催化氧化活性。在最佳条件下，以 PPOMC 为工作电极，使用方波伏安法进行测定可检出雌二醇的线性范围为 $1.0\times10^{-8}\sim2.0\times10^{-6}$ mol/L，检出限低至 5.0×10^{-9} mol/L。将该修饰电极用于测定女性血清中雌二醇浓度，效果满意[113]。

此外，还可借助分子印迹聚合物结合介孔碳来选择性的识别抗生素类药物。Tan 等首先制备了乙烯基功能化介孔碳纳米粒子，然后以抗生素药物氧氟沙星为模板分子，通过单体的聚合使模板分子嵌入在聚合物网络结构中，通过洗脱，制备出了具有固定孔穴大小和确定排列功能的分子印迹聚合物—介孔碳复合物。通过循环伏安研究，氧氟沙星在分子印迹的聚合物介孔碳修饰电极上具有很大的氧化电流峰，检测限达到了 80 nmol/L[114]。

吗啡是一种极易合成的生物碱，已成为严重滥用的药物之一，因此，在医疗上控制其精确用量、对吗啡滥用者的认定及其代谢物的检测都具有十分重要的意义[17]。例如，Li 等制备了介孔碳修饰电极来探究吗啡的电化学行为，与裸玻碳电极相比，有序介孔修饰电极对吗啡具有增强而稳定的电催化响应，线性检测范围可达 0.1～20 μM，最低检出限为 10 nM。此外，将 OMC/GCE 应用于尿样中吗啡的选择性测定，检出限低至 50 nM，回收率为 96.4%。这表明 OMC/GCE 在实际应用中具有很大的前景[17]。

除了上述药物以外，应用介孔材料构建电化学传感器，还可对氯霉素[16]、卡维地洛[18]等药物进行检测。在此，不再一一详述。

（四）食品及生活用品添加剂检测

莱克多巴胺是一种动物营养重新配剂，广泛地用于畜牧业和养殖业。它的使用可以同时提高动物的日增重、饲料利用率和动物的蛋白质含量。由于动物组织中积累的药物残留可能对消费者健康构成潜在风险，例如肌肉震颤、呕吐、紧张和心悸等，因此，一些学者开展了对有效监测莱克多巴胺的电化学工作。例如，Yang 等利用 OMC 修饰玻碳电极（OMC/GCE）开发了一种灵敏的电化学传感器，用于有毒莱克多巴胺的检测。该工作采用循环伏安法研究了莱克多巴胺在 OMC/GCE 上的电化学行为。结果表明，OMC 修饰电极对莱克多巴胺的氧化具有显著的电催化活性。对其氧化机理进行研究的结果表明，莱克多巴胺的氧化过程涉及两个质子和两个酚羟基电子。结合差分脉冲伏安技术（DPV）记录莱克多巴胺的测定信号，测得传感器对莱克多巴胺浓度的线性检测范围为 0.085～8.0 μm，检出限为 0.06 μm。这说明该传感器对莱克多巴胺的检出具有良好的灵敏度和选择性。最后，将该方法成功地应用于猪肉样品中莱克多巴胺的测定，回收率在 96.6%～104.5%之间，优良的相对标准偏差小于 5%。检测效果比较满意[23]。

三聚氰胺（1,3,5-三嗪-2,4,6-三胺）是一种用于生产三聚氰胺—甲醛树脂的工业化学品。三聚氰胺可以从含有三聚氰胺的树脂包装中迁移，在食品中以 ppm（10^{-6}）水平存在，正常情况下其含量不会对人类构成危险。由于与蛋白质（含氮质量百分比平均为 16%）相比，三聚氰胺含有较高比例的氮（66%质量百分比），因此一些违法的制造商已将其非法用作富含蛋白质的饮食中的添加剂。高于安全限度的水平摄入三聚氰胺可导致泌尿系统疾病甚至死亡。2008 年 9 月，在中国的牛奶和婴儿配方奶粉产品中发现超量的三聚氰胺。这种情况促使中国、美国食品药品监督管理相关部门、欧洲共同体及其他国家和地区制定了各种食品中三聚氰胺最大残留限量的标准。许多国家已经立法规定婴儿配方奶粉中 1 ppm 和其他奶制品中 2.5 ppm 的标准限量。因此，对食品中三聚氰胺特别是对儿童乳制品中三聚氰胺的检测具有现实性的需求。Guo 等将非电化学活性三聚氰胺单体氧化成电化学活性二聚体，开发了一种高选择性和高灵敏的电化学方法，通过使用有序介孔碳作为电极修饰材料来测定乳样品中的三聚氰胺。与多壁碳纳米管修饰的玻碳电极（MWCNTs-Nafion / GCE）相比，OMC-Nafion 修饰的玻碳电极（OMC-Nafion/GCE）显示出更有利的电子转移动力学以及对三聚氰胺更强和更稳定的电催化响应。OMC-Nafion 修饰的玻碳电极对三聚氰胺浓度的线性检测范围为 $5\times10^{-8}\sim7\times10^{-6}$ M，检出限为 2.4×10^{-9} M[24]。

三氯生（醚 2,4,4-三氯-2-羟基二苯醚或 TCS）是一种非离子型广谱抗菌剂，已广泛用于个人护理产品，如洗发水、洗手液和牙膏。由于它是一种稳定的亲脂性化合物，其高消耗量引起了人们对其环境影响的极大关注。三氯生以浓度为 ng/L 的含量广泛存在于河水、湖水、沉积物、鱼类甚至人乳中，多年来人们一直在研究三氯生对人体的毒性。三氯生对人体的不良反应包括对敏感皮肤的轻微瘙痒和过敏。因此，三氯生通常被认为是低毒性化学品。但是，在某些条件下，三氯生光降解会导致形成二噁英类衍生物、氯仿和氯酚等被美国环境保护局列为可能的人类致癌物。此外，一些研究还表明这些化合物具有极强的毒性和内分泌干扰。因此，三氯生在个人护理产品中的使用受到限制。根据欧洲经济共同体理事会指令，其使用限制在最高浓度 0.3%（w/w）。因此，三氯生的分析方法应该能够在痕量水平的环境样品中选择性地和灵敏地检测三氯生。Regiart 等使用有序介孔碳改性丝网印刷碳电极制备了一个简单灵敏的电化学传感器，用于检测河水样品中的三氯生。由于有序介孔碳的高比表面积、大孔体积、均匀的介孔结构、良好的导电性和优异的电化学活性，这种多孔碳材料为电化学测定三氯生提供了高选择性和高灵敏度。使用该电化学传感器对三氯生进行检测，其检测限为 0.24 ng/mL，线性检测范围为 0.8～40 ng/mL[25]。

5.1.2 电催化研究实例

本节重点阐述泡沫介孔硅—离子液体修饰电极同时测定 DA、AA 和 UA 的研究。

（一）引言

碳糊电极（CPE）是指利用石墨粉与石蜡油、硅油等憎水性黏合剂混合制成糊状物，然后将其压入电极管中而制成的一类电极。碳糊电极具有制作简便、表面更新容易、成本低廉、电位窗口宽等优点。在制备碳糊电极的过程中，根据检测意图，在碳糊中直接混入其他掺杂组分，可赋予碳糊电极某些特定的功能或改善电极的相关性能，如选择性、灵敏度和响应时间等[115]。

在电分析领域，由于介孔硅为惰性材料，化学性质稳定；比表面积大，有利于催化剂等活性组分的分散，可有效固载催化剂或生物分子；孔道呈三维立体结构，有利于物质在其孔道中的扩散转移，因此，将介孔硅及修饰化介孔硅应用于修饰电极的相关应用也越来越多[116-120]。相关研究多集中于金属离子等小分子检测及第三代电化学生物传感器研究。例如，Sánchez 等利用不同的介孔氧化硅材料（MPS1-MPS4）与 1-甲基-5-巯基四氮唑（MTTZ）结合，制备出四种碳糊电极，并对四种电极测定二价铅的效果进行了研究[121]。再如，张玲等将血红蛋白固定于介孔氧化硅—壳聚糖膜上，并将该复合材料修饰于玻碳电极，实现了血红蛋白的直接电化学并对 H_2O_2 具有高灵敏度响应，且具有较宽的检测范围[122]。

离子液体是近年发展起来的全新介质，与常规溶剂相比，离子液体具有无显著蒸气压、导电性好、热稳定性高等众多优点，目前已成为生物传感器、催化等许多科研领域的研究热点[123-125]。近年来的研究表明将离子液体固载到介孔材料上，可为介孔材料引入离子交换性和荷电性，进而扩展其在电分析方面的应用[126-128]。例如：Zhang 等将离子液体引入功能化有序介孔硅（SBA-15）中，制备出碳糊修饰电极（CISPE），实现了 Cd^{2+}、Pb^{2+}、Cu^{2+}和 Hg^{2+}含量的测定[129]。再如，Hashkavayi 等将 1,4-二氮杂二环辛烷（DABCO）固载于介孔氧化硅（SBA-15）上，使介孔氧化硅表面形成一种离子液体框架，该复合物（SBA-15@DABCO）有利于沉积更多的树状金纳米颗粒，并阻止金纳米颗粒聚集，从而制备出一种灵敏的适体传感器，通过分子识别的方式可以用于测定氯霉素（CAP）的含量[130]。

本书作者以离子液体修饰化泡沫介孔硅（MCF-IL）为原料，制备出一种新型的碳糊电极（MCF-IL/CPE）。在此基础上，研究了 DA、UA 和 AA 在该电极上的电化学行为。实验表明，DA、UA 和 AA 在 MCF-IL/CPE 分别表现出良好的电化学响应，而且三者的电化学信号互相不干扰。在此基础上，研究了 MCF-IL 用量对同时测定 DA、UA 和 AA 的影响，对 MCF-IL 与石墨粉的最佳比例进行了优化。

（二）实验部分

（1）实验试剂及设备

实验所需试剂为 DA、UA、AA（Sigma 公司），聚氧乙烯—聚氧丙烯—聚氧乙烯（P123，Sigma 公司），HCl，三甲苯（TMB），正硅酸乙酯（TEOS），甲苯和丙酮，其他试剂均为分析纯，实验均在室温下进行。电化学检测采用 CHI620B 型电化学工作站（上海振华仪器有限公司）。本实验为三电极体系：Pt 电极为辅助电极，饱和 Ag/AgCl 电极为参比电极，MCF-IL/CPE 为工作电极。

（2）MCF-IL 的合成

MCF-IL 的合成参照文献报道[131]：向 500 mL 的圆底烧瓶中加入 MCF（2.0 g）和硅烷试剂（12 mL），再加入甲苯（300 mL，重蒸）。在氮气保护下，置于油浴中冷凝回流。控制油浴温度为 130 ℃，反应 24 小时。然后抽滤，分别用 25 mL 的甲苯（重蒸）和丙酮洗涤，真空干燥 24 小时。取干燥后的样品（2.0 g）和 N-甲基咪唑（8 mL，1.8 mol）加入 250 mL 的圆底烧瓶中，再加入的甲苯（125 mL，重蒸），置于油浴中冷凝回流，控制油浴温度为 80 ℃，反应时间为 24 小时。然后抽滤，分别用 25 mL 的甲苯（重蒸）和丙酮洗涤，真空干燥 24 小时，即制得 MCF-IL。

（3）MCF-IL/CPE 电极的制备

实验取不同用量的 MCF-IL（其中 MCF-IL 占固态粉末总质量的 12%、17%、20%、22%、25%）与石墨粉在玛瑙研钵中混合均匀。向其中加入适量石蜡油，研磨制备出均匀的碳糊材料，具体材料用量如表 5-4 所示。取适量混合好的碳糊材料填入以铜为导线，直径为 3 mm 的聚四氟乙烯圆柱管中。将碳糊电极表面在称量纸上打磨至表面光滑，即制成 MCF-IL/CPE。

表 5-4　不同 MCF-IL/CPE 中的各组分含量

MCF-IL 在碳糊固体粉末中的含量	MCF-IL 用量（mg）	石墨用量（mg）	石蜡油用量（μL）
12%	3.6	26.4	15
17%	5.1	24.9	15
20%	6	24	15
22%	6.6	23.4	15
25%	7.5	22.5	15

（三）结果与讨论

（1）MCF-IL 复合物表征

图 5-4 为 MCF（a）和 MCF-IL（b）的红外光谱对比图。MCF 在 1090 cm^{-1}，966 cm^{-1}，802 cm^{-1} 显示出三个特征峰，对应 Si—O—Si 骨架的弯曲振动、对称伸缩振动和反对称伸缩振动。三个峰同样出现在 MCF-IL 的红外光谱图中。此外，b 曲线还可观测到咪唑环的骨架振动（1576 cm^{-1} 和 1458 cm^{-1}）和 C—H 烷基链的伸缩振动峰（2960 cm^{-1}），证明 MCF 与离子液体很好地结合到一起，得到了离子液体功能化的 MCF。

（2）MCF-IL 用量对 AA、DA 和 UA 混合液在 MCF-IL/CPE 电极上的氧化峰电流和氧化峰电位的影响

为了研究 MCF-IL 在碳糊中的含量对 AA、DA 和 UA 的氧化峰电流和氧化峰

电位的影响，我们利用含有不同 MCF-IL 用量的 MCF-IL/CPE 对含有 AA、DA 和 UA 的 0.1M PBS（pH=7.4）进行微分脉冲伏安扫描，结果如图 5-5 所示。图中 a～e 曲线分别对应 MCF-IL 在碳糊中含量为 12%（a）、17%（b）、20%（c）、22%（d）和 25%（e）的碳糊电极。实验结果表明，尽管碳糊电极中 MCF-IL 含量不同，但相应的 MCF-IL 修饰电极均可实现对 AA、DA 和 UA 分别响应。

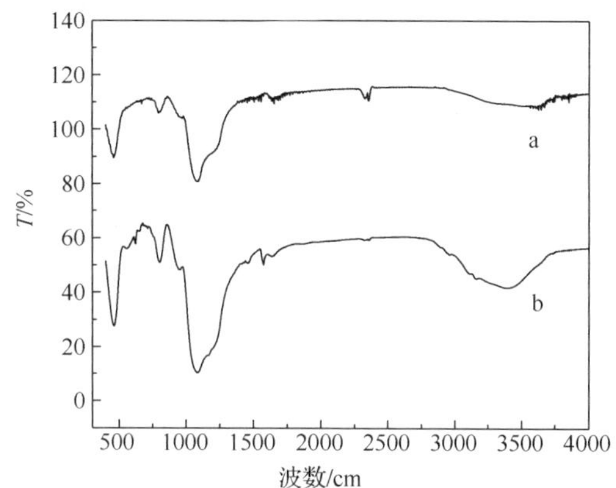

图 5-4　MCF（a）与 MCF-IL（b）的红外表征对比图

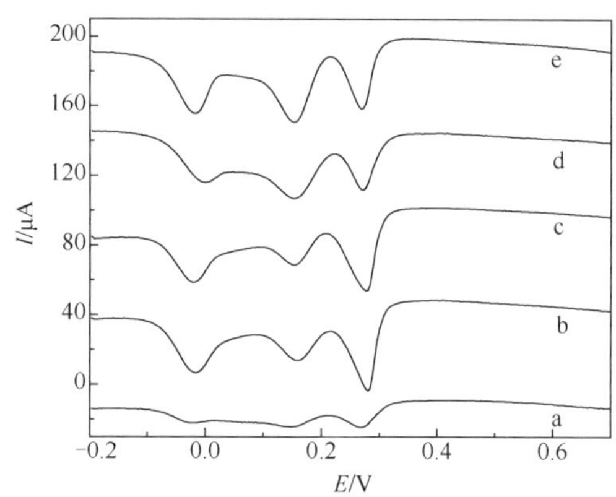

图 5-5　MCF-IL 用量为 12%（a）、17%（b）、20%（c）、22%（d）、25%（e）制备出的 MCF-IL/CPE 测定含有 AA、DA 和 UA 混合物的 0.1 M PBS（pH = 7.4）的 DPV 图（C_{DA}：500 μM，C_{AA}：1500 μM，C_{UA}：80 μM）

图 5-6 为 MCF-IL 用量对 AA、DA 和 UA 峰电位的影响。由图可知，碳糊中含量不同的 MCF-IL 对应的 MCF-IL/CPE 电极在测定 AA、DA 和 UA 时，AA、DA 和 UA 的各自氧化峰电位并未发生较大改变。

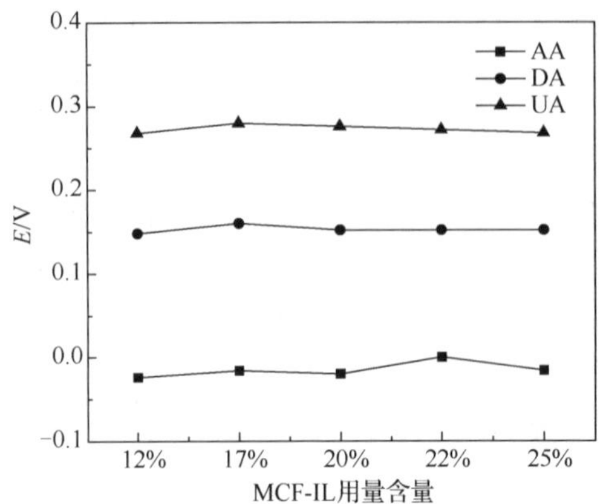

图 5-6　MCF-IL 用量含量对 AA、DA 和 UA 氧化峰电位的影响

（C_{DA}：500 μM，C_{AA}：1500 μM，C_{UA}：80 μM）

虽然 MCF-IL 用量对 AA、DA 和 UA 的氧化峰电位影响并不明显。然而，MCF-IL 用量对 AA、DA 和 UA 氧化峰电流影响十分显著。由图 5-7 可知，MCF-IL 用量为 12%时，UA、DA 和 AA 的氧化峰电流十分微弱（峰电流比为 13∶16∶16），当 MCF-IL 用量的增多后，UA、DA 和 AA 的氧化峰电流显著增大。在 MCF-IL 用量为 17%、20%、22%和 25%时，UA、DA 和 AA 的氧化峰电流均明显提高，所对应的 UA、DA 和 AA 的峰电流之比分别 42∶35∶52；43∶33∶48；28∶38∶33 和 44∶49∶41。

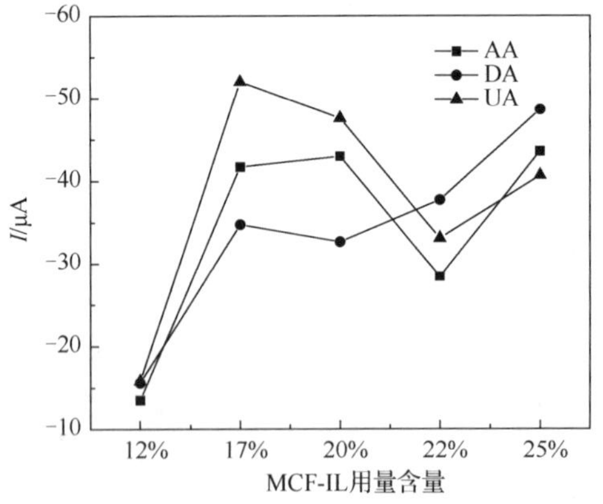

图 5-7　MCF-IL 用量含量对 AA、DA 和 UA 氧化峰电流的影响

（C_{DA}：500 μM，C_{AA}：1500 μM，C_{UA}：80 μM）

也就是说，MCF-IL 在碳糊中含量为 12%时，AA、DA 和 UA 的氧化峰电流响应信号最差。当 MCF-IL 在碳糊中含量为 17%时，UA 具有最大的氧化峰电流，说明该含量下的碳糊电极对 UA 的响应最好，灵敏度最高；当 MCF-IL 在碳糊中含量为 25%时，AA 和 DA 具有最大的氧化峰电流，说明该含量下的碳糊电极对 DA 和 AA 的响应最好，灵敏度最高。由此可见，17%或 25%的 MCF-IL 用量较适合同时测定 AA、DA 和 UA。此后，实验分别以 17%或 25%的 MCF-IL 用量的 MCF-IL/CPE 作为工作电极。

（3）MCF-IL（17%）/CPE 同时测定 DA、AA 和 UA 的研究

1）MCF-IL（17%）/CPE 电极的制备及 AA、DA、UA 混合样品在 CPE 与 MCF-IL（17%）/CPE 上的电化学响应比较

为了考察 AA、DA 和 UA 在 CPE 和 MCF-IL（17%）/CPE 上电化学响应的不同，我们使用 MCF-IL 在碳糊中含量为 17%的电极，对分别含有 AA、DA 和 UA 的 0.1M PBS（pH = 6）溶液进行循环伏安扫描（CV），并对 AA、DA 和 UA 的共存的 0.1M PBS（pH = 6）溶液进行差分脉冲伏安扫描。

图 5-8 为 CPE 和 MCF-IL（17%）/CPE 分别对 AA、DA 和 UA 的循环伏安电化学响应。由图 5-8（a）可知，在 CPE 上，AA 氧化峰电位为 282 mV，DA 氧化峰电位为 320 mV，UA 氧化峰电位为 408 mV。AA-DA 氧化峰电位差为 38 mV，DA-UA 氧化峰电位差为 88 mV，可见三者的氧化峰电位差十分接近，难以实现对三者的同时测定。图 5-8（b）为 MCF-IL（17%）/CPE 对 AA、DA 和 UA 的循环伏安电化学响应。AA、DA 和 UA 的氧化峰电位分别为 129 mV、298 mV 和 421 mV。与 CPE 相比，AA 在 MCF-IL（17%）/CPE 上的氧化峰电位显著负移，这是由于 AA 的等电点为 4.17，在 pH=6 的 PBS 中，AA 表面带负电荷，AA 被带有正电荷的 MCF-IL（17%）/CPE 电极界面吸引，且 MCF-IL 为介孔材料，其孔道也具有一定的物理吸附作用，二者的协同作用，导致了 AA 的氧化峰电位显著负移。UA 的等电点为 5.75，与检测液的 pH 值接近，从图中可以看出氧化峰电位并没有发生显著变化，这说明介孔的孔道作用对 UA 的电位影响也较小。DA 的等电点为 8.87，因此在检测液中 DA 带正电荷，与 MCF-IL 材料表面的正电荷相互排斥，峰位应该右移。但图 5-8（b）中显示，DA 在 MCF-IL（17%）/CPE 上的氧化峰电位较 CPE 电极负移。这说明，介孔的孔道作用对 DA 的吸附作用较强，导致了 DA 在电极界面的富集，造成其氧化峰电位的负移。在图 5-8（b）中，AA-DA 氧化峰电位差为 169 mV，DA-UA 氧化峰电位差为 123 mV。三者分峰明显，具有较大的峰位差，为实现三者的同时测定奠定了基础。

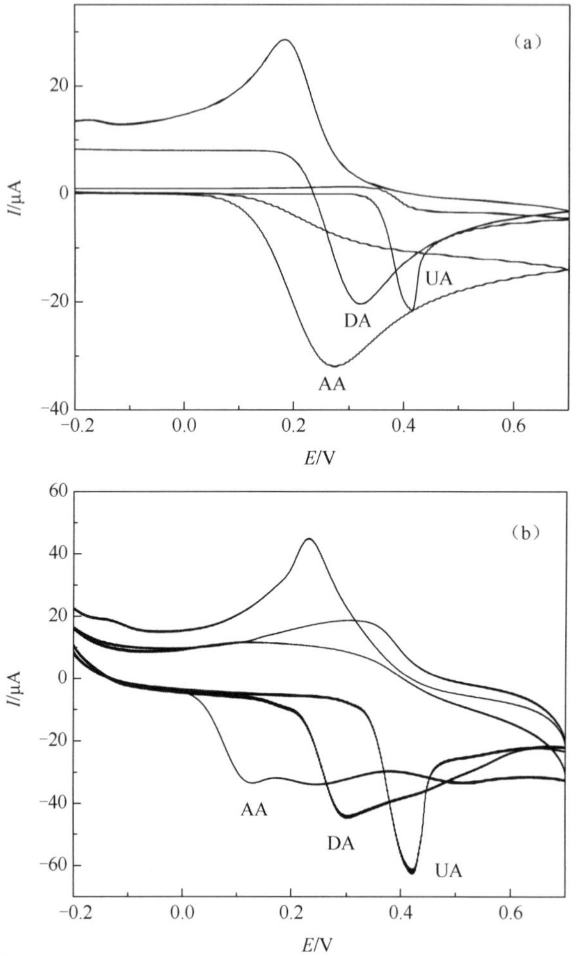

图 5-8　CPE（a）和 MCF-IL（17%）/CPE（b）分别在含有 AA、DA、UA 的 0.1 M PBS（pH = 6）的 CV 曲线（C_{DA}: 1000 μM, C_{AA}: 2000 μM, C_{UA}: 500 μM）

图 5-9 为含 AA、DA 和 UA 的混合液在 CPE（曲线 a）和 MCF-IL（17%）/CPE（曲线 b）电极上的 DPV 曲线。如图所示，AA、DA 和 UA 混合样品在 CPE 上的 DPV 图中，只显示出两个很宽的微弱氧化峰，其电流响应信号微弱，且 AA 和 DA 的氧化峰重叠。而在 MCF-IL/CPE 循环曲线上，可以在 55 mV、245 mV 和 376 mV 看见三个独立的氧化峰，分别对应 AA、DA 和 UA 的电化学氧化。其中， DA-UA 氧化峰电位差为 131 mV，DA-AA 氧化峰电位差为 190 mV。由于 AA、DA、UA 在 MCF-IL（17%）/CPE 上分峰明显且峰差较大，因此，MCF-IL/CPE 有利于实现对 AA、DA 和 UA 三者分别检测，为 AA、DA 和 UA 的同时检测奠定基础。此

外，相对于 CPE，MCF-IL/CPE 对 AA、DA 和 UA 具有更强的电化学信号响应，这是由于 MCF-IL 框架上的离子液体引入了正电荷，因此其与带有负电荷的离子能够相互吸引；同时 MCF 材料的介孔结构对小分子 AA、DA、UA 具有一定的物理吸附作用，起到了预富集的作用，二者的协同作用导致了 AA、DA、UA 在电极表面的更大响应。

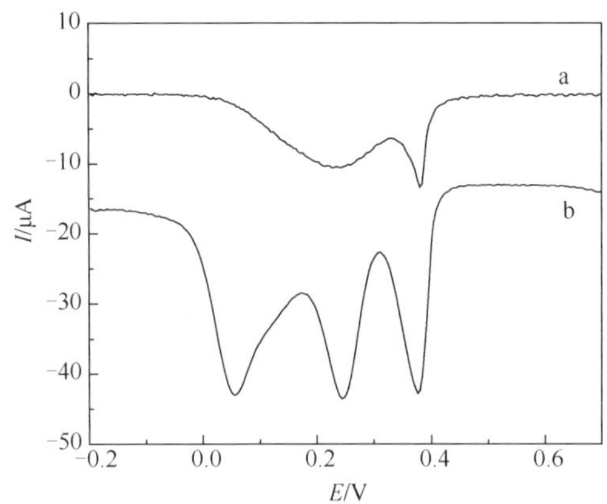

图 5-9　CPE（a）和 MCF-IL（17%）/CPE（b）在含有 AA、DA、UA 的 0.1 M PBS（pH = 6）混合液中的 DPV 曲线（C_{DA}: 500 μM, C_{AA}: 1500 μM, C_{UA}: 80 μM）

2）pH 对 AA、DA、UA 氧化峰电流和氧化峰电位的影响

如图 5-10 所示，AA、DA 和 UA 三者在 MCF-IL/CPE 的电化学行为均受到 pH 的影响。图 5-10（a）为 pH 对 AA、DA 和 UA 氧化峰电流的影响。如图所示，AA 和 UA 在 pH = 6 时具有最大的氧化峰电流，增大或减小溶液的 pH 值，AA 和 UA 的峰电流随之呈减小趋势。DA 随 pH 的增大，峰电流也随之增大，pH=8 时峰电流达到最大，然而这种变化并不明显。

图 5-10（b）为 pH 值对 AA、DA 和 UA 的氧化峰电位的影响。如图所示，AA、DA 和 UA 的氧化峰电位随着 pH 升高，峰电位逐渐缩小，且随着酸度升高，AA、DA 和 UA 之间的峰电位差增大，pH 越小，AA、DA 和 UA 之间的峰电位差越大，pH = 6 时，峰位差较大，综上所述，在本实验中，pH = 6 为合适的检测条件。

3）MCF-IL（17%）/CPE 选择性检测 AA、DA 和 UA 的研究

以 MCF-IL（17%）/CPE 为工作电极，分别对 AA、DA 和 UA 进行选择性测定。图 5-11（a～c）为选择性检测 AA、DA 和 UA。图 5-11（a）所示，在含有 DA（80 μM）和 UA（40 μM）的条件下，改变 AA 浓度（50～6000 μM），AA 的

峰电流随浓度的增大呈线性增长。其线性方程为 $I_{AA} = -0.00943C_{AA} - 7.86815$（$R^2$=0.99547）。图 5-11（b）为 DA 的选择性检测，在含有 AA（400 μM）和 UA（40 μM）的条件下，改变 DA 浓度（5～160 μM），DA 的峰电流随浓度的增大呈线性增长。其线性方程为 $I_{DA} = -0.10985C_{DA} - 18.95689$（$R^2$=0.99761）。UA 的选择性检测如图 5-11（c）所示，在含有 AA（400 μM）和 DA（80 μM）的条件下，改变 UA 浓度（10～160 μM），UA 的峰电流随浓度的增大呈线性增长。其线性方程为 $I_{UA} = -0.1686C_{UA} - 19.92707$（$R^2 = 0.99662$）。

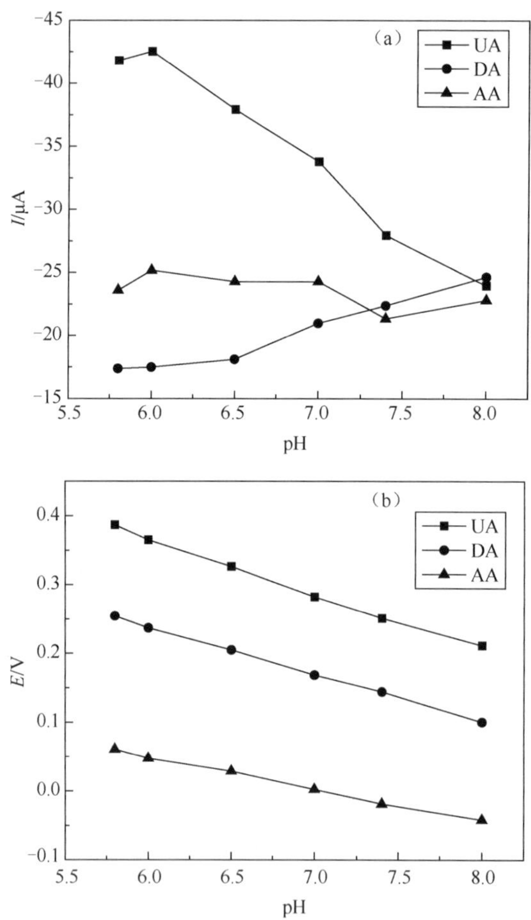

图 5-10　DA、UA、AA 氧化峰电流（a）和氧化峰电位（b）与 pH 的关系

（0.1 M PBS, pH = 5.8、6.0、6.5、7.0、7.4、8.0，C_{DA}: 100 μM, C_{AA}: 1500 μM, C_{UA}: 200 μM）

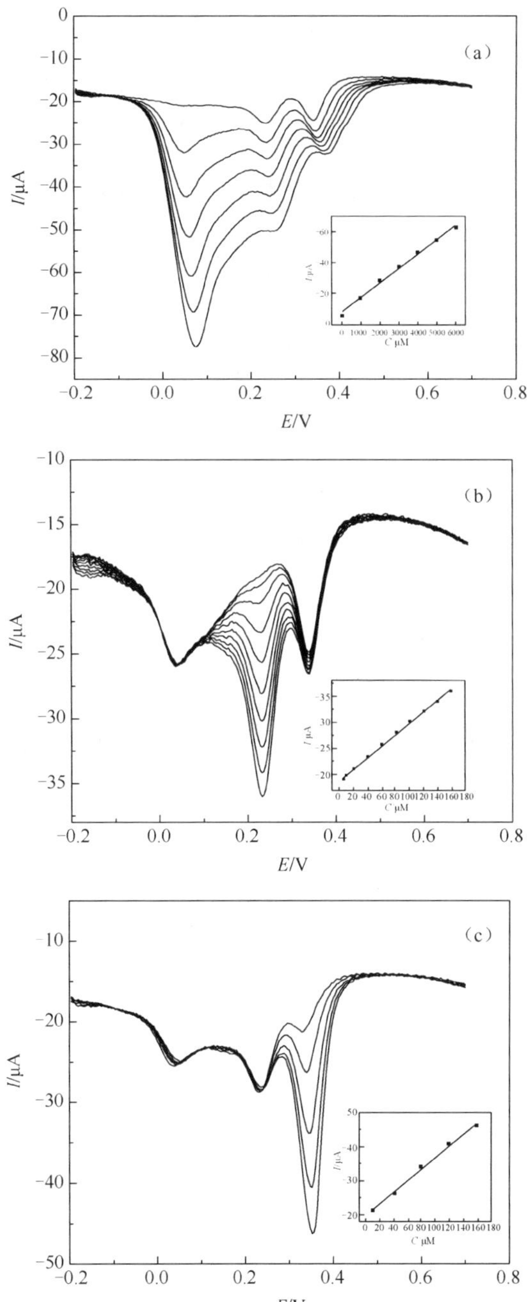

图 5-11　MCF-IL（17%）/CPE 在 0.1 M pH = 6 的 PBS 中的 DPV 图

（a）包含 80 μM DA，40 μM UA 和不同浓度的 AA：50, 1000, 2000, 3000, 4000, 5000, 6000 μM.

（b）包含 400 μM AA, 40 μM UA 和不同浓度的 DA：5, 10, 20, 60, 80, 100, 120, 140, 160 μM.

（c）包含 400 μM AA, 80 μM DA 和不同浓度的 UA：10, 40, 80, 120, 160 μM

（4）MCF-IL（25%）/CPE 同时测定 DA、AA 和 UA 的研究

1）MCF-IL（25%）/CPE 电极的制备及 AA、DA、UA 混合样品在 CPE 与 MCF-IL（25%）/CPE 上的电化学响应比较

图 5-12 为 AA、DA 和 UA 在 CPE 和 MCF-IL（25%）/CPE 上的电化学响应，我们制备出 MCF-IL 在碳糊中含量为 25%的电极，分别对含有 AA、DA 和 UA 的 0.1M PBS（pH = 6）溶液进行循环伏安扫描（CV）。

图 5-12 为 CPE（a）和 MCF-IL（25%）/CPE（b）对 AA、DA 和 UA 的循环伏安电化学响应。由图 5-12（a）可知，在 CPE 上，AA 峰电位为 282 mV，DA 峰电位为 320 mV，UA 峰电流为 408 mV。AA-DA 峰电位差为 38 mV，DA-UA 峰电位差为 88 mV。可见三者的峰电位差十分接近，难以实现对三者的同时测定。图 5-12（b）为 MCF-IL/CPE 对 AA、DA 和 UA 的循环伏安电化学响应。AA、DA 和 UA 的峰电位分别为 117 mV、283 mV 和 413 mV。其中，AA-DA 峰电位差为 166 mV，DA-UA 峰电位差为 130 mV。与 CPE 相比，三者分峰明显，具有较大的峰位差，为实现三者的同时测定奠定了基础。

图 5-13 为对含有 AA、DA 和 UA 三种物质的 0.1M PBS（pH = 6）溶液进行差分脉冲伏安扫描（DPV）。图 5-13 为含 AA、DA 和 UA 的混合液在 CPE（曲线 a）和 MCF-IL/CPE（曲线 b）电极上的 DPV 曲线。如图所示，AA、DA 和 UA 混合样品在 CPE 上的 DPV 图中，只显示出两个很宽的微弱氧化峰，其电流响应信号微弱，且 AA 和 DA 的氧化峰重叠。而在 MCF-IL/CPE 循环曲线上，可以在 54 mV、250 mV 和 388 mV 看见三个独立的氧化峰，分别对应 AA、DA 和 UA 的电化学氧化。其中，DA-UA 的峰电位差为 138 mV，DA-AA 的峰电位差为 196 mV。由于 AA、DA、UA 在 MCF-IL/CPE 上分峰明显且峰差较大，因此，MCF-IL/CPE 有利于实现对 AA、DA 和 UA 三者分别检测，为 AA、DA 和 UA 的同时检测奠定基础。此外，相对于 CPE，MCF-IL/CPE 对 AA、DA 和 UA 具有更强的电化学信号响应，显示出 MCF-IL 框架上的离子液体引入了正电荷和 MCF 催化作用的共同作用的结果。

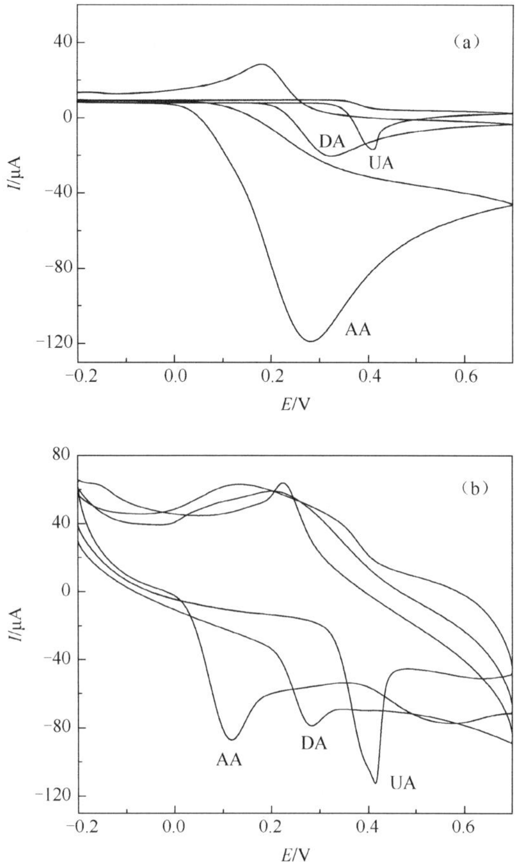

图 5-12　CPE（a）和 MCF-IL（25%）/CPE（b）分别在含有 AA、DA、UA 的 0.1 M PBS（pH = 6）的 CV 曲线（C_{DA}: 1000 μM, C_{AA}: 2000 μM, C_{UA}: 500 μM, 扫速: 100 mV/s）

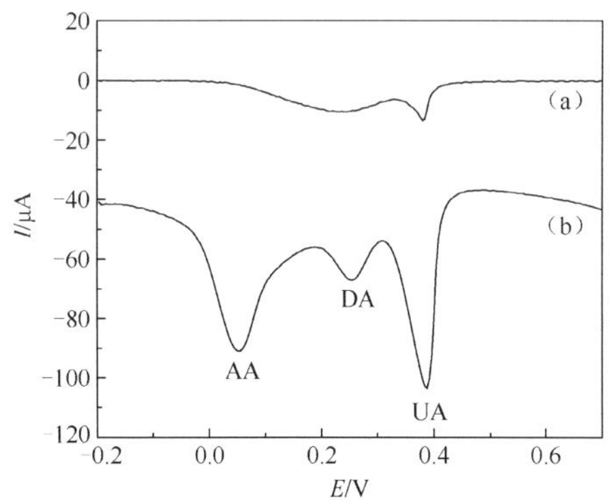

图 5-13　CPE（a）和 MCF-IL（25%）/CPE（b）在含有 AA、DA、UA 的 0.1 M PBS（pH = 6）混合液中的 DPV 曲线（C_{DA}: 100 μM, C_{AA}: 1500 μM, C_{UA}: 100 μM）

2）pH 值对 AA、DA、UA 氧化峰电流和峰电位的影响

如图 5-14 所示，AA、DA 和 UA 三者在 MCF-IL（25%）/CPE 的电化学行为均受到 pH 的影响。pH 对 AA、DA 和 UA 氧化峰电流的影响如图 5-14（a）。UA 在 pH = 6 时具有最大的氧化峰电流，增大或减小溶液的 pH 值，UA 的氧化峰电流呈现出减小趋势。AA 在 pH=5.5 时具有最大的峰电流，增大或减小 pH，同 UA 相似，AA 的氧化峰电流整体也呈现出减小的趋势。DA 随 pH 的变化不大。总体而言，随 pH 的增大，其氧化峰电流增大，到 pH=8 时峰电流最大。

图 5-14（b）为 pH 对 AA、DA 和 UA 的氧化峰电位的影响。如图所示，AA、DA 和 UA 的氧化峰电位随着 pH 升高，峰电位逐渐减小，且随着 pH 升高，AA、DA 和 UA 之间的峰电位差缩小。就峰电位差而言，选择 pH 小的更为合适，pH = 6 时，峰位差较大，且在此 pH 下明显提高了 UA 的检测能力。因此在本实验中，选择 pH = 6 的检测条件。

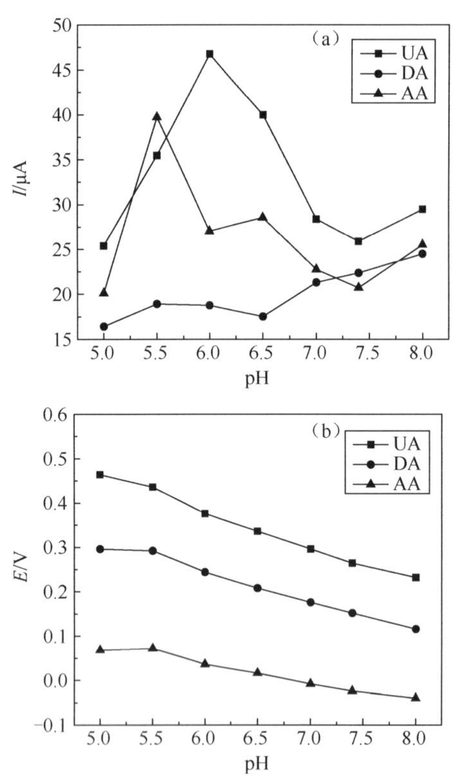

图 5-14　DA、UA、AA 氧化峰电流（a）和氧化峰电位（b）与 pH 的关系（0.1 M PBS pH =5.0、5.5、6.0、6.5、7.0、7.4、8.0，C_{DA}: 100 μM, C_{AA}: 1500 μM, C_{UA}: 200 μM）

3）MCF-IL（25%）/CPE 选择性检测 AA、DA 和 UA 的研究

以 MCF-IL（25%）/CPE 为工作电极，分别对 AA、DA 和 UA 进行选择性测定。如图 5-15（a～c）所示，在对 AA、DA 和 UA 进行选择性测定的过程中，改变其中一种物质浓度，其他两种物质的氧化峰并没有发生显著改变。证明在 MCF-IL（25%）/CPE 上，AA、DA 和 UA 的选择性较好，具有相对独立的响应

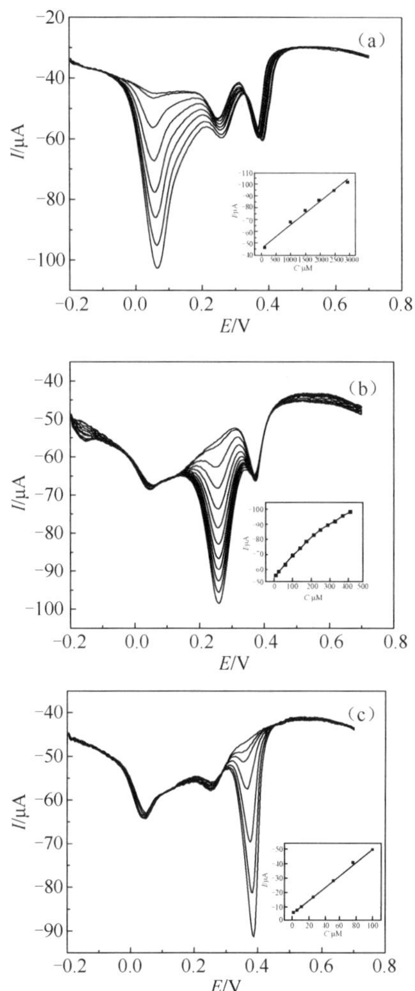

图 5-15　MCF-IL（25%）/CPE 在 0.1 M，pH = 6 的 PBS 中的 DPV 图

（a）包含 80 μM DA , 40 μM UA 和不同浓度的 AA : 50, 100, 500, 1000, 1500, 2000, 2500, 3000 μM.

（b）包含 400 μM AA, 40 μM UA 和不同浓度的 DA : 10, 20, 60, 100, 140, 180, 220, 260, 300, 340, 380, 420 μM.

（c）包含 400 μM AA, 40 μM DA 和不同浓度的 UA : 1, 5, 10, 25, 50, 75, 100 μM

信号，可以实现 AA、DA 和 UA 的同时测定。如图 5-15（a）所示，在含有 DA（80 μM）和 UA（40 μM）的条件下，改变 AA 浓度（50～3000 μM），AA 的峰电流随浓度的增大呈线性增长。其线性方程为 $I_{AA} = -0.01969C_{AA} - 45.91089$（$R^2$=0.99334）。如图 5-15（b）为 DA 的选择性检测，在含有 AA（400 μM）和 UA（40 μM）的条件下，改变 DA 浓度（10～420 μM），DA 的峰电流随浓度的增大呈线性增长。在 10～220 μM 范围，其线性方程为 $I_{DA} = -0.13291C_{DA} - 54.43388$（$R^2$=0.99714）；在 220～420 μM 范围，其线性方程为 $I_{DA} = -0.07716C_{DA} - 66.28243$（$R^2$=0.99759）。UA 的选择性检测如图 5-15（c）所示，在含有 AA（400 μM）和 DA（40 μM）的条件下，改变 UA 浓度（1～100 μM），UA 的峰电流随浓度的增大呈线性增长。其线性方程为 $I_{UA} = -0.45082C_{UA} - 5.47745$（$R^2 = 0.99924$）。

4）实际样品的测定及回收率

利用标准加入法，MCF-IL/CPE 被用于测定维生素 C 注射液中的 AA 和盐酸多巴胺注射液中的 DA 的含量。实验结果如表 5-5 所示。将维生素 C 注射针剂和盐酸多巴胺注射针剂，用 0.1 M pH=7.4 的 PBS 稀释至合适浓度，对溶液进行微分脉冲扫描，利用标准加入法，向溶液中加入适量浓度的 DA 和 AA，测定其回收率。实验测得 AA 回收率在 92%～114.27%，DA 回收率在 98.8%～101%。

表 5-5 维生素 C 注射液及盐酸多巴胺注射剂中 AA、DA 的测定

样品	检测量（μM）	加入量（μM）	检出量（μM）	回收率（%）
维生素 C 注射液 AA	356.48	100	470.75	114.27
		200	581.47	110.72
		300	677.96	96.49
		400	787.66	109.7
		500	880.60	92
		20.00	73.66	101
		40.00	93.58	101
盐酸多巴胺注射液 DA	53.12	60.00	114.06	101
		80.00	131.22	98.9
		100.00	150.90	98.8

（四）小结

本节利用离子液体将介孔氧化硅功能化，制备了离子液体介孔硅掺杂的新型碳糊电极（MCF-IL/CPE）。研究表明，DA、UA 和 AA 在 MCF-IL/CPE 电极上的电化学信号响应良好，且互相不受干扰，MCF-IL 在电极材料比重为 17%和 25%

时具有较好效果，本节以此比例制备两种电极。

实验结果显示，两种 MCF-IL/CPE 均在 pH = 6 的 PBS 中具有最佳检测效果，该电极在 MCF 的催化作用和离子液体引入功能性电荷的共同作用之下，使得在石墨碳糊电极上氧化峰重叠的 AA 和 DA 实现分峰。AA、DA 和 UA 三者氧化峰电位差相比普通碳糊电极显著增大，其响应电流明显增大数倍。在 pH = 6 的 PBS 中，对 AA、DA、UA 具有良好的检测效果，与 MCF/CPE 相比，显示出对 AA、DA、UA 优异的电化学催化活性，AA、DA、UA 之间具有较宽的氧化峰电位差，实现了三种物质的选择性测定，而且被用于测定维生素 C 注射液中的 AA 和盐酸多巴胺注射液中的 DA 的含量。

5.1.3　预富集电分析

预富集是指在电化学检测之前，将目标分析物从稀释溶液中积聚到电极表面，增强电极灵敏度的常用方法。通常采用阳极溶出伏安分析法和吸附溶出伏安分析方法进行检测[132, 133]。

由于在相应的常规平面电极（金电极、铂电极、玻碳电极等）上[132]，目标分析物在电极表面的积聚情况差强人意，使用预富集方法达不到灵敏的增强的效果。因此，基于惰性平面电极制备化学修饰电极，可有效改善电极表面的界面条件，赋予其功能化，进而增强目标分析物在电极表面的预富集效果，实现预富集电分析[13]。

介孔材料由于具有大比表面积（很大的吸附能力）、开放和相互连接的介孔孔道（高传输速率）的结构特点引起了电化学研究者们的关注。要想通过在开路电位条件下获得分析物预浓缩更好的结果，可利用介孔材料的大比表面积，通过吸附或静电结合到介孔表面而实现目标物质的积累。介孔材料的存在使得该过程的效率大大提高。例如，Zeng 于 2009 年首次报道了以介孔碳 CMK-3 为电极修饰材料，制备了 CMK-3-Nafion/GCE 电极，利用开路电压下预富集的方法，实现了邻苯二酚和对苯二酚的分峰检测的工作[134]。相比于同体系下的也能够实现邻苯二酚和对苯二酚的分峰检测的 MWCNTs-Nafion/GCE 和 Vulcan XC-72（炭黑）/GCE 电极，CMK-3-Nafion/GCE 显示出更大的氧化峰电流和对两种二羟基苯异构体更高的吸附量，这说明介孔碳的高比表面积和多孔的结构特点，更利于预富集分析。

此外，介孔碳修饰电极还可用于分析超痕量硝基芳族化合物[135]、硝基苯[100]、替拉扎明[136]、吗啡[137]、核黄素[138]、苏丹 I 染料[139]或叶酸[140]等物质。有序介孔二氧化硅的吸附性质被用于金属阳离子[141]、硝基芳族化合物[142]、双酚[105]、抗坏血酸、尿酸、黄嘌呤[143]、硝基、氨基酚衍生物的预浓缩电解分析[144, 145]和一些药物的分析检测[146, 147]。

这里重点强调一下重金属物质的富集，如 Hg（Ⅱ），可以通过简单的吸附积累在介孔二氧化硅上[148]。如果介孔硅经过合适的有机基团进行官能化后，其吸附能力会大大提高。研究表明，介孔有机硅材料不仅可以作为纳米工程中的吸附剂用于污染物去除等各种应用[149]，同时也可用作预浓缩电分析的电极修饰材料[150]。它们的主要特征一方面在于通过选择适当有机官能团实现电极的识别性和选择性，另一方面是由于介孔材料的有序性和刚性的结构特点，可为电极提供一定的稳定性的同时提供快速传输性能，进而带来高的预浓缩效率，提高传感器的灵敏度。这与上面讨论的有序介孔材料修饰电极可使电极具有较快的质量传输过程是一致的[151]。在研究初期，许多研究工作都是基于一些简单功能化的材料，如硫醇[152]或胺基团[153]，后来，为了提高过程中的选择性，其他官能团如季铵盐[154]、磺酸盐[155]、甘氨酰脲[156]、水杨酰胺[157]、肌肽[158]、乙酰胺膦酸[159]、苯并噻唑硫醇[160]、乙酰丙酮[161]、环状甘氨酸衍生物[162]、*b*-环糊精等有机官能基团[163]、5-巯基-1-甲基四唑[164]或离子液体[165]也被应用起来。这些修饰基团主要是通过络合作用和离子交换作用实现目标物富集的。

使用预富集方法进行的离子检测，主要包括在介孔结构杂化材料中进行分析物富集，然后在检测介质中解吸附，然后进行定量电化学检测三个过程。如 Ag（Ⅰ）[166]、Cu（Ⅱ）[167]、Cd（Ⅱ）[159]、Hg（Ⅱ）[168]、Pb（Ⅱ）[152]、Eu（Ⅱ，Ⅲ）[157]、U（Ⅵ）[169]的检测。

最近的一些工作也致力于分析混合物中的多阳离子的检测，它们是在检测之前，通过选择不同电位而富集在一起的[170]。通常，在潜在干扰物质存在条件下，电极预富集的选择性是由能够识别目标金属的有机官能团引起的，因此运用分子工程选择固载适当的有机基团，可以调控电极的选择性。例如，使用带有 cyclam 基团的介孔二氧化硅对 Cu（Ⅱ）产生非常好的选择性[162]，而在 cyclam 中心加入乙酰胺基团则导致了选择性转向对 Pb（Ⅱ）的富集[167]。预富集/伏安检测方法在薄膜电极和块状复合电极上都可实现其应用，且两者都给出了良好的结果，但膜电极的响应时间通常较慢，尤其是在低分析物浓度下，因为富集开始于接触溶液的膜的表面，在稀溶液中操作时，会导致非常少量的物质进行了富集，由于富集组分在检测介质中会部分脱附，因此在电极表面上不能检测到信号。这种情况可以通过利用非常薄的垂直于基底电极的介孔薄膜来避免，这有助于加速电极对分析物的识别。

但需要注意的是，在预浓集电分析中，作为吸附剂，还存在有序介孔比无序介孔具有更好的灵敏度的说法，该说法仅在以速率为控制步骤时才有效，即分析物在电极材料中的传输以扩散方式进行，而不是受络合反应动力学控制。此外，使用官能化的介孔二氧化硅（例如在氨基丙基嫁接的 SBA-15 上积累后的双酚 A 或二羟基苯异构体）还可以用于有机物质的测定。另外，有机改性的 *meso*-多孔二氧化硅薄膜还可以作为选择性渗透屏障，正如氨丙基官能化薄膜随 pH 切换表现出的不同的离子选择性[171]是通过静电排斥干扰物质来提高选择性的另一种可能途径。

5.1.4 预富集研究实例

本节将介绍泡沫介孔硅—壳聚糖修饰玻碳电极差分脉冲溶出伏安法测定锡（Ⅱ）含量。

（一）引言

如今，工业废水中的重金属释放到环境中对环境造成严重的污染，已经引起一系列影响人类健康的问题。锡作为最常见的重金属，在空气、水和土壤中广泛传播[172]。由于它熔点低、耐腐蚀，可以制成特殊的易熔合金、耐磨合金、焊锡合金等，在工业上被广泛应用。且在过去的 20 年里，越来越多锡通过包装食品直接暴露于环境中，例如：锡盘、饮料、珠宝商的模型和洁牙剂等。同时，锡（Ⅱ）也是人类和动物在代谢过程中必需的微量元素之一，可以聚集在人身体内和动物组织中，可以作为无机锡或有机锡化合物引入到人体环境中[173]。虽然它的无机状态是无毒的，但它的有机化合物大多是有毒的。尽管锡相对于其他金属对人体有轻微毒性，但当高浓度的锡（Ⅱ）离子或过量的锡（Ⅱ）离子积累到约 0.84～8.4 mmol/L 时，可能会影响呼吸系统或消化系统，如产生恶心、呕吐、腹泻、腹部绞痛、腹胀、发烧和头痛等症状[174, 175]。为有效检测锡离子浓度，开发一种行之有效的方法极为重要。

目前，应用于检测锡（Ⅱ）离子的分析技术包括原子吸收/发射光谱、分光光度法、荧光分光光度法等。然而，这些方法大多数都需要昂贵的仪器，耗时且不便于现场测定[176, 177]。近年来，研究者们将电化学技术应用于重金属离子含量的检测，研究结果表明该方法具有成本低、灵敏度高和良好的便携性的优点，被认为是重金属含量有效的检测技术[178, 179]。差分脉冲伏安法（DPV）是一种电化学测量技术，是线性扫描伏安法和阶梯扫描伏安法的衍生方法，即在其基础之上添加一定的电压脉冲，在电势改变之前进行电流测量，通过这种方式来减小充电电流的影响[180]。该方法具有灵敏性高、检出限低、能同时区分几种重金属的特点，在分析测试中常用于金属离子的定量分析[178, 181]。

在传统的 DPV 检测技术应用中，汞电极由于具有良好的重现性，高灵敏度和较宽的阴极电位范围被广泛使用[182, 183]。但是由于汞具有毒性，寻找具有高灵敏性的电极材料来取代汞电极进行 DPV 检测引起了研究者们的广泛关注。近年来，除了汞电极，研究者们还开发了很多惰性平面电极，但是常规的平面电极预富集吸附金属离子却达不到增强灵敏度的效果[181]。因此，基于惰性平面电极表面制备化学修饰电极，可有效改善电极表面的界面条件，赋予其功能化，进而实现非汞电极对金属离子含量的测定[184]。例如：E. Pereira 等研究了具有络合能力的聚合物薄膜制备修饰电极，应用于检测 Cu（Ⅱ）、Pb（Ⅱ）、Hg（Ⅱ）和 Cd（Ⅱ）离子[185]。Zhu，Xu 等制备了金纳米粒子—石墨烯—半胱氨酸复合修饰铋膜电极，并用方波阳极溶出伏安法同时测定 Cd（Ⅱ）和 Pb（Ⅱ）[186]。Hamid Ashkenani 等则发表了基于多壁碳纳米管和纳米多孔 Cu 离子印迹聚合物的选择性伏安法测定 Cu（Ⅱ）的报道[187]。

介孔材料由于具有很高的比表面积、三维孔道结构、孔径大小连续可调、强吸附性等特点，使得它在电化学、化学和光学传感器的应用中发挥重要作用，并被用来检测湿度、气体和重金属等，并且具有较高的灵敏性[184, 188]。例如：Gupta 等通过表面表征和电化学技术很好地将金纳米粒子浸渍到介孔二氧化硅球中，并修饰到玻碳电极表面，用于同时和选择性测定尿酸和抗坏血酸。研究结果表明，介孔硅的使用起到了增加目标物质通过吸附/静电结合到介孔表面的累积作用，进而增强电极的灵敏度[184]。Sonkar、Ganesan 等将银纳米粒子固载到硫功能化的介孔二氧化硅，并修饰到玻碳电极表面，使用差分脉冲溶出伏安法对亚硝酸盐的电化学活性进行了测定，得到的线性范围 1.0～20.0 mmol/L，检测限为 0.5 μmol/L[189]。

MCF 是一种具有大孔径的（20～30 nm）介孔硅，相对于小孔径介孔硅，大孔径介孔硅具有更易于修饰或改性的特点，被广泛应用于电极的制备，用以改变电极表面的性能，例如：Duan 等利用介孔二氧化硅改性碳糊电极测定氨基苯酚异构体[190]。Yantasee，Lin 等报道了经乙酰胺膦酸（Ac-Phos）修饰的介孔二氧化硅，用于同时检测镉、铜和铅[191]。这些研究证明了应用功能化介孔硅材料在修饰电极上，可以大大提高电子传递速率，改善电化学反应的选择性和特异性。

因此，本实验利用 MCF 为电极材料，以壳聚糖（CHIT）为黏结剂，制备了 MCF/CHIT/GC 修饰电极。用差分脉冲溶出伏安法研究锡（Ⅱ）离子在该电极上的溶出伏安特性，对锡（Ⅱ）离子含量进行定量测定，并用红外光谱仪及高分辨透射电子显微镜对 MCF 材料进行表征。实验发现：在 1.0 mol/L 盐酸中，锡（Ⅱ）离子在–0.8V 处被富集在修饰电极表面，在 0.0～0.7 V 电位范围内，以 50 mV/s 的速率扫描，锡（Ⅱ）在+0.4 V 处左右产生一灵敏的溶出峰，峰电流与锡（Ⅱ）离子浓度在 6.25～43.75 μmol/L 范围内与溶出峰电流响应呈良好的线性关系，检出限为 1.25 μmol/L，其回归方程为：Ip（μA）=0.0641 C（μmol/L）+2.5429，回归系数为 0.9969，线性关系较强。并且 MCF/CHIT/GC 修饰电极具有制备方法简单、灵敏度高的优点。

（二）实验部分

1. 药品与试剂

表 5-6 列出实验所需的药品与试剂。

表 5-6　实验所用药品与试剂

药品与试剂	来源厂家
壳聚糖（chitosan）	Sigma-Aldrich 公司
二水氯化亚锡（$SnCl_2 \cdot 2H_2O$）	沈阳鼎国生物技术有限公司
高纯锡粒（Sn）	沈阳鼎国生物技术有限公司
盐酸（HCl）	中国医药集团有限公司
硝酸钾（KNO_3）	中国医药集团有限公司
氯化钾（KCl）	中国医药集团有限公司
铁氰化钾（$K_3[Fe(CN)_6]$）	中国医药集团有限公司
泡沫硅介孔材料（MCFs）	辽宁大学提供
正硅酸乙酯（TEOS）	国药集团
聚环氧乙烷—聚环氧丙烷—聚环氧乙烷三嵌段共聚（P_{123}）	Sigma-Aldrich 公司
乙醇	中国医药集团有限公司

注：所用试剂均为分析纯，所用溶液均用二次蒸馏水配制。

2. 仪器和设备

用 JEM-2100 高分辨透射电子显微镜（TEM）（日本电子公司）观测 MCF 的形貌；用 NICOLET 380 型红外光谱仪（塞默飞世尔科技公司）检测 MCF 的红外光谱图；用 Autolab（瑞士万通）电化学工作站进行电化学测量。本实验为三电极体系：Pt 电极为辅助电极，饱和 Ag/AgCl 电极为参比电极，玻碳修饰电极为工作电极。

3. 锡（Ⅱ）标准储备溶液

锡（Ⅱ）标准储备溶液：1.0×10^{-2} mol/L $SnCl_2\cdot2H_2O$，取 0.2256 g $SnCl_2\cdot2H_2O$，用 1.0 mol/L 的盐酸溶解并定容至 100 mL，加入少许高纯锡粒，使用时用 1.0 mol/L 的盐酸稀释至所需的浓度。

4. MCF 材料的制备

MCF 参考已发表的文献进行制备[120, 188]。将 1.6 M HCl 与 4.0 g P_{123} 混合机械搅拌 2 h 至全部溶解，加入 4.0 g TMB，油浴 38 ℃机械搅拌 65 min，再向其滴加 8.8 g TEOS 机械搅拌 24 h。将得到的混合物导入反应釜 110 ℃晶化 24 h，用 200 mL 乙醇和 10 mL 12 M HCl 作为洗脱剂，用索氏提取法洗涤沉淀，烘干后得到 MCF。

5. MCF/CHIT/GC 电极的制备

将直径 3 mm 的 GC 电极在抛光布上分别用 0.5 μm、0.3 μm、0.05 μm 的 α-Al_2O_3 粉抛光成镜面，用二次蒸馏水冲洗干净，再分别用二次蒸馏水、无水乙醇、二次蒸馏水超声振荡 5 min，将 GC 在空气中自然晾干。

取 6 mg 壳聚糖溶于 0.05 M HCl 溶液配制成浓度为 6 mg/mL 壳聚糖溶液，然后用 1.0 M NaOH 溶液将壳聚糖溶液 pH 调至 5.0。称取 5 mg MCF 与 6 mg/mL 壳聚糖溶液配制成 5 mg/mL 的 MCF/CHIT 悬浮液并置于 4 ℃的冰箱中保存。移取 10 μL 上述悬浮液（移取前漩涡）分别滴涂到已抛光的玻碳电极表面，隔夜干燥，制备得到 MCF/CHIT/GC 电极。

6. 实验方法

移取部分锡（Ⅱ）标准储备溶液，用 1.0 mol/L 的盐酸稀释至所需的浓度作为电解液。在电化学分析仪上，采用三电极系统，在 −0.8 V 条件下，通氮气搅拌富集 270 s，静置 35 s，在 0.0～0.7 V 电位范围内，以 50 mV/s 的扫描速率记录锡（Ⅱ）的差分脉冲溶出伏安曲线。

（三）结果与讨论

1. MCF 复合材料的表征

实验对 MCF 材料进行了红外分析。图 5-16（a）所示为 MCF 的红外谱图。由图 5-16（a）可知，3462 cm^{-1} 是 Si— OH 的伸缩振动特征峰，1633 cm^{-1} 是 O —H 的伸缩振动特征峰，1083 cm^{-1}、963 cm^{-1} 和 802 cm^{-1} 是 Si—O 的伸缩振动特征峰。

此外，本实验使用透射电子显微镜（TEM）技术对 MCF 材料的空间结构进行表征。图 5-16（b）为 MCF 的 TEM 显微照片，该图片清楚地显示了这些粒子的形状和大小，孔径范围约在 20～30 nm 之间，壁厚约为 2～5 nm 之间，MCF 具有无序性介孔结构，其结构特征与之前研究报道的介孔材料的结构一致。

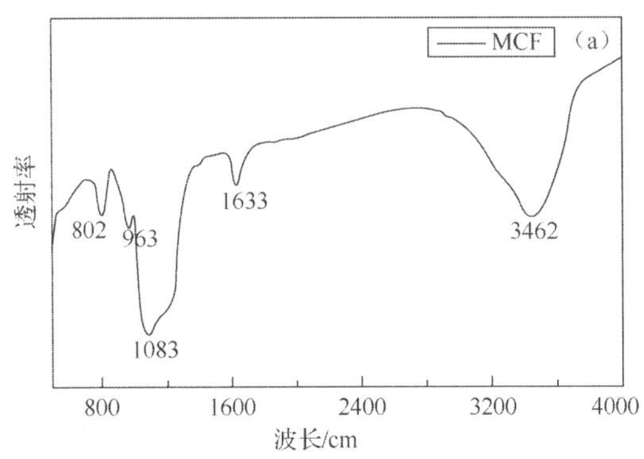

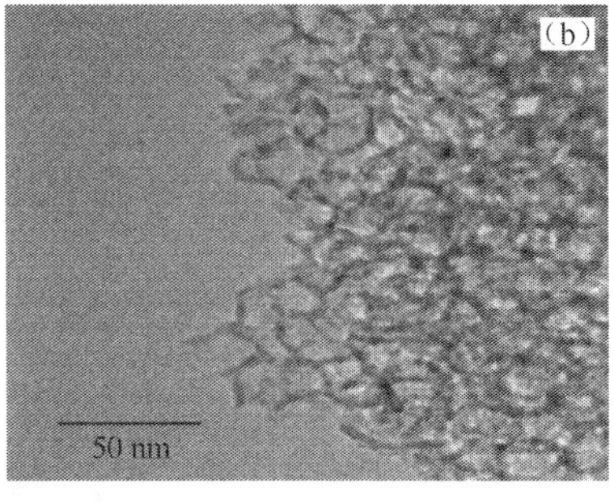

图 5-16 （a）MCF 红外谱图和（b）MCF 的 TEM 图

2. 锡（Ⅱ）在 GC、MCF/CHIT/GC 上的溶出伏安行为

本实验比较了裸玻碳电极和 MCF/CHIT/GC 电极在 1.0 mol/L 盐酸底液中对 1×10^{-4} mol/L 锡（Ⅱ）离子的差分脉冲溶出伏安响应。如图 5-17 所示，a、b 曲线为锡（Ⅱ）离子分别在裸 GC、MCF/CHIT/GC 电极上的溶出伏安曲线。在+0.4 V 附近，均出现明显的溶出伏安峰，并且 b 曲线的溶出伏安峰电流较 a 曲线峰形更加明显，峰电流也更大。实验结果表明，通过引入介孔材料修饰常规的平面玻碳电极，改变了电极的表面性能，从而增加了电极灵敏度。这种表面性能的改善与介孔材料的大比表面积、强吸附能力等物化性质息息相关。实验结果表明，介孔材料在电极表面的修饰可以产生更为明显的溶出峰，使电极灵敏度得到提高。为了考察 MCF/CHIT/GC 电极对锡（Ⅱ）离子的定量检测能力，我们使用该电极对锡（Ⅱ）离子进行了检测。

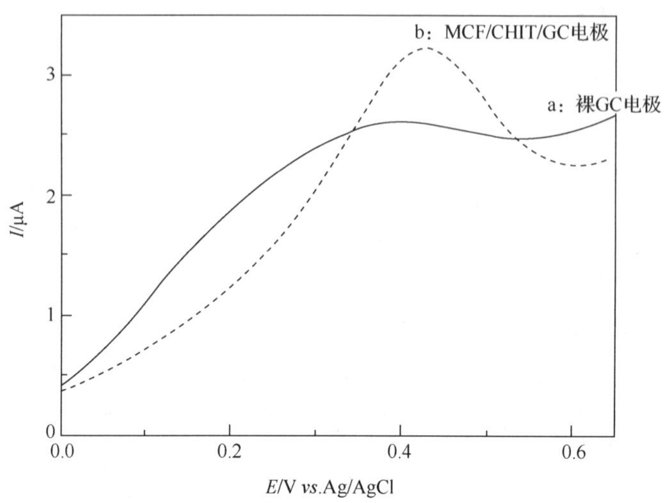

图 5-17　裸 GC、MCF/CHIT/GC 电极在 1×10^{-4} mol/L 的锡（Ⅱ）溶液，电压为−0.8 V，富集 270 s，静置 35 s，扫描速率为 50 mV/s 时的差分脉冲溶出伏安曲线

3. MCF/CHIT/GC 电极的重复性

独立制备五个 MCF/CHIT/GC 电极，在 Sn（Ⅱ）离子浓度为 0.05 μmol/L 的溶液中用差分脉冲溶出伏安法测定 Sn（Ⅱ）离子。如图 5-18 所示，由 a～e 依次为五个电极的差分脉冲溶出伏安曲线，测定 Sn（Ⅱ）离子的切线电流的相对标准偏差（RSD）为 1.5%。表明电极有良好的重复性。

4. 优化实验条件

为了获得 MCF/CHIT/GC 电极对 Sn（Ⅱ）离子的最佳响应信号，详细地研究了 MCF 的用量、预富集电压、预富集时间、静置时间、扫描速率对实验的影响。

（1）最佳修饰剂用量的选择

本实验分别讨论了滴涂 2 mg/mL、4 mg/mL、5 mg/mL、6 mg/mL、8 mg/mL MCF/CHIT 电极修饰剂对 Sn（Ⅱ）离子检测的影响。图 5-19（a）a～e 曲线依次为修饰 2 mg/mL、4 mg/mL、5 mg/mL、6 mg/mL、8 mg/mL MCF/CHIT 的电极在 1×10^{-4} mol/L Sn（Ⅱ）溶液中进行差分脉冲溶出伏安扫描所得的曲线，其中曲线 c（5 mg/mL MCF/CHIT）对应的切线电流最大，说明修饰剂用量为 5 mg/mL 时，电极的性能最好。

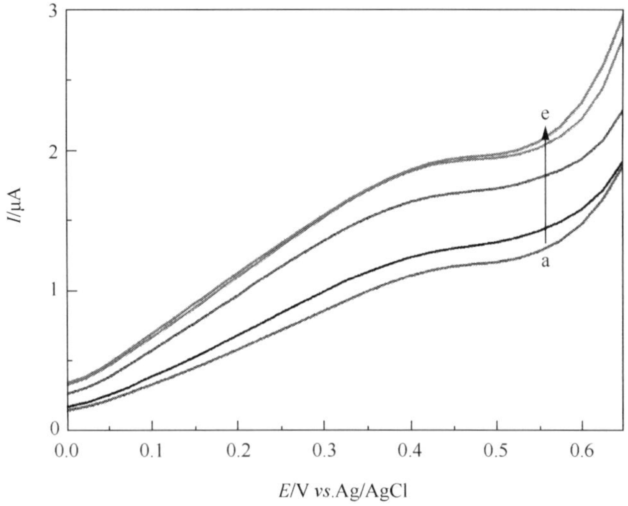

图 5-18　独立制备的五个 MCF/CHIT/GC 电极（a～e）在 0.05 μmol/L 的锡（Ⅱ）溶液，电压为-0.8 V，富集 270 s，静置 35 s，扫描速率为 50 mV/s 时的差分脉冲溶出伏安曲线

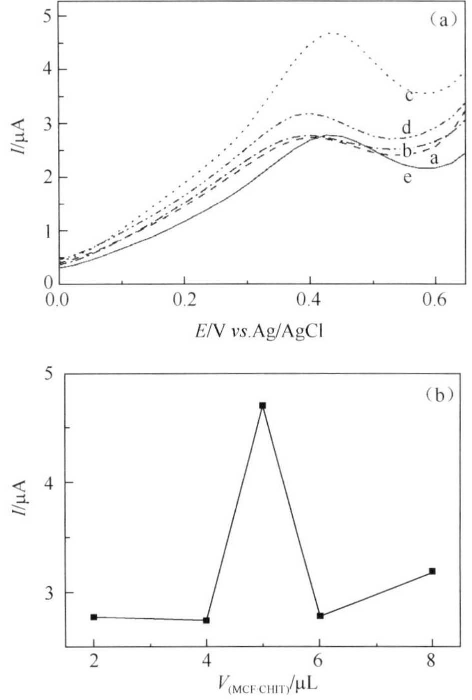

图 5-19　在 Sn（Ⅱ）离子浓度为 1×10^{-4} mol/L 时，MCF 的用量对 Sn（Ⅱ）离子测定的影响

（a）MCF 用量（a～e）：2 mg/mL，4 mg/mL，5 mg/mL，6 mg/L，8 mg/L；

（b）不同 MCF 用量与对应 DPV 曲线切线电流之间的关系曲线

图 5-19（b）所示为 MCF/CHIT 电极修饰剂用量与溶出伏安峰切线电流的线性关系曲线。峰电流随 MCF 的加入而明显增加，这是由于 MCF 增加时电极表面扩大，增强了 Sn（Ⅱ）离子在电极表面的吸附量。当修饰剂 MCF 的用量超过 5 mg/mL 时，峰值电流逐渐下降，过多的 MCF 堆积在电极表面，阻碍了离子的传输和电子转移，使 MCF/CHIT/GC 电极对 Sn(Ⅱ)离子的响应性能降低。因此，选择滴涂的适宜用量是 5 mg/mL 悬浮液修饰电极。

（2）最佳预富集电压的选择

在 –0.6 ～ –1.2 V 范围内讨论了 Sn（Ⅱ）离子的预富集电压对 Sn（Ⅱ）离子测定的影响。图 5-20（a）a～g 所示依次为预富集电压从 –0.6 ～ –1.2 V 的差分脉冲溶出伏安曲线，其中 c（–0.8 V）曲线所对应的切线电流较大。进一步对所得到的差分脉冲溶出伏安峰的切线电流与预富集电压的关系作图，结果如图 5-20（b）

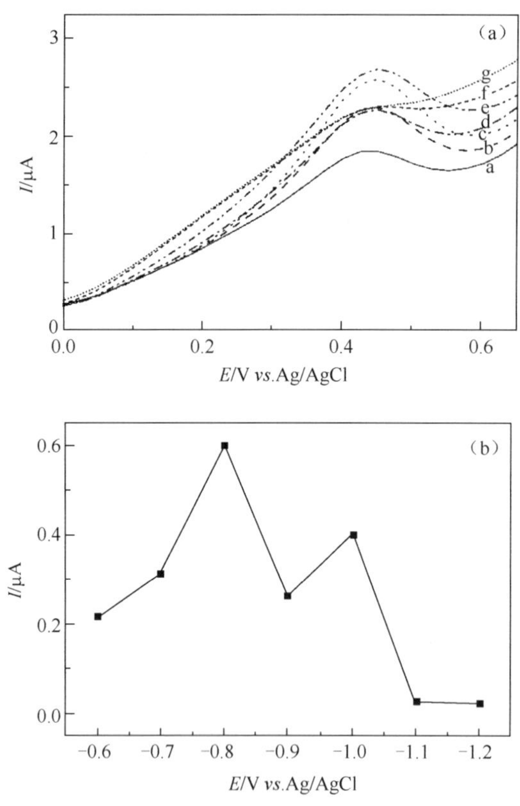

图 5-20　在 Sn（Ⅱ）离子浓度为 1×10^{-4} mol/L 时预富集电压对 Sn（Ⅱ）离子测定的影响

（a）不同预富集电压（a～g）：−0.6 V，−0.7 V，−0.8 V，−0.9 V，−1.0 V，−1.1 V，−1.2 V；

（b）不同预富集电压与对应 DPV 曲线切线电流之间的关系曲线

所示，由-0.6～-0.8 V 峰电流依次增加，随着施加电位更负，峰电流不断增大，表示有更多的 Sn（Ⅱ）离子预富集到电极表面，导致信号增强。当施加的电位为-0.8 V 时，得到的溶出伏安峰电流最高，电极最灵敏。当施加的负电位超过-0.8 V 时，峰电流会有不同程度的降低，影响 Sn（Ⅱ）离子在 MCF/CHIT/GC 电极表面的吸附。当施加的负电位超过-0.8 V 时，峰电流均低于-0.8 V，所以最佳富集电压确定为-0.8 V。

（3）最佳预富集时间的选择

在修饰剂用量为 5 mg/mL，富集电压为-0.8 V 的条件下讨论了从 210～330 s 的预富集时间对 Sn（Ⅱ）离子检测的影响。图 5-21（a）a～e 依次为预富集时间：210 s、240 s、270 s、300 s、330 s 的差分脉冲溶出伏安曲线，其中 c（270 s）曲线的溶出伏安峰切线电流最大。进一步对所得到的差分脉冲溶出伏安峰的切线电流与预富集电压的关系作图，如图 5-21（b）所示，在预富集时间为 210～270 s

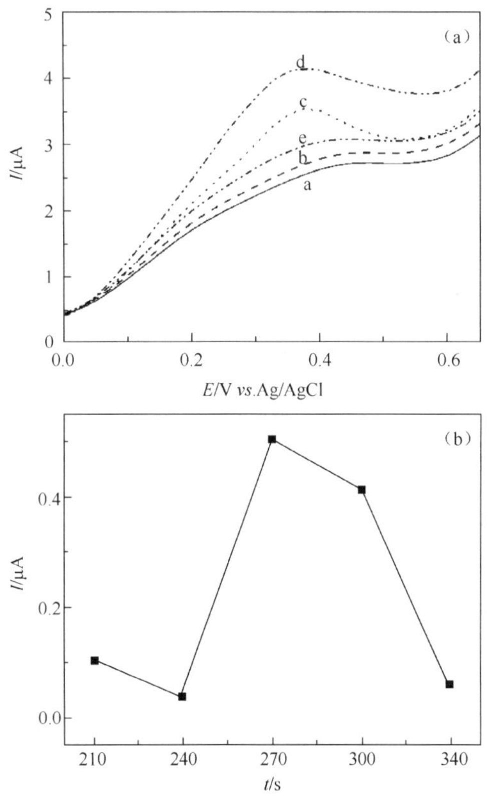

图 5-21　在 Sn（Ⅱ）离子浓度为 1×10^{-4} mol/L 时，预富集时间对 Sn（Ⅱ）离子测定的影响

（a）预富集时间（a～e）：210 s，240 s，270 s，300 s，330 s；

（b）不同预富集时间与所对应 DPV 曲线切线电流之间的关系曲线

时，由于电极表面上 Sn（Ⅱ）离子的连续积累，峰电流整体呈增加的趋势，并且在 270 s 时，峰电流达到最高值。当预富集时间超过 270 s 时，峰电流值明显呈下降趋势，这是由于电极表面的可吸附位点用于 Sn（Ⅱ）离子的积累，当预富集时间超过 270 s 时，MCF/CHIT/GC 电极表面的可吸附位点完全被覆盖，电极表面吸附的 Sn（Ⅱ）离子达到饱和状态，Sn（Ⅱ）离子不能再有效地吸附到电极表面。所以，随着富集时间的增加，峰电流呈现先增加后明显降低的趋势。因此，选择最佳的预富集时间为 270 s。

（4）最佳静置时间的选择

在修饰剂用量为 5 mg/m^2，富集电压为 –0.8 V，富集时间为 270 s 的条件下，讨论了从 20～40 s 的静止时间对 Sn（Ⅱ）离子检测的影响。图 5-22（a）a～e 依次为在 20 s、25 s、30 s、35 s、40 s 静止时间下 Sn（Ⅱ）离子检测的差分脉冲溶出伏安曲线。其中 d（35 s）曲线所得的溶出伏安峰切线电流最大。图 5-22（b）

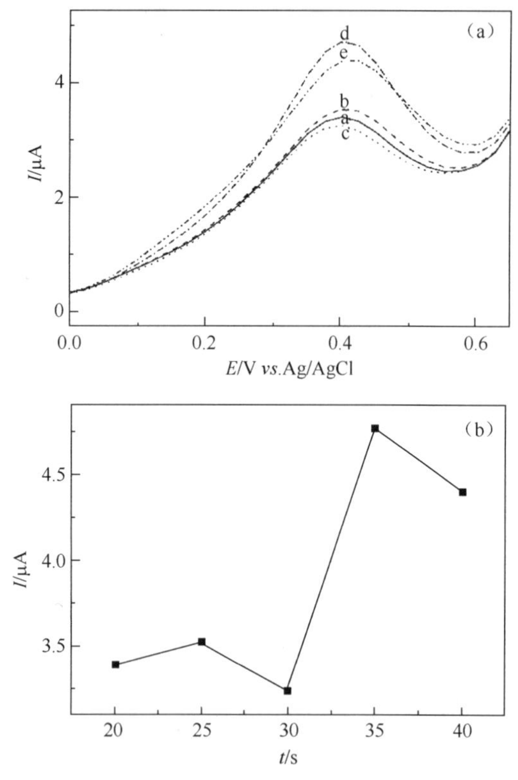

图 5-22　在 Sn（Ⅱ）离子浓度为 1×10^{-4} mol/L 时，静止时间对 Sn（Ⅱ）离子测定的影响

（a）不同的静止时间（a～e）：20 s，25 s，30 s，35 s，40 s；

（b）不同的静止时间与对应 DPV 曲线切线电流之间的关系曲线

所示为溶出伏安峰切线电流与时间的关系曲线，静止时间在 20～35 s 时，切线电流整体上升趋势；当静止时间超过 35 s 时，切线电流减小。所以，确定最佳的静止时间为 35 s。

（5）最佳扫描速率的选择

实验在 10～100 mV/s 范围内讨论了 Sn（Ⅱ）离子的扫描速率对 Sn（Ⅱ）离子检测的影响。图 5-23（a）a～e 依次为 10 mV/s、25 mV/s、50 mV/s、75 mV/s、100 mV/s 条件下的差分脉冲溶出伏安曲线，c（50 mV/s）曲线的切线电流最大。如图 5-23（b）所示为切线电流与扫描速率的线性关系曲线，当扫描速率由 10～50 mV/s 增加时，峰电流增加，50 mV/s 时峰电流值最大，电极最灵敏，当扫描速率超过 50 mV/s 时，峰电流呈线性降低。所以，选择 50 mV/s 为最佳扫描速率。

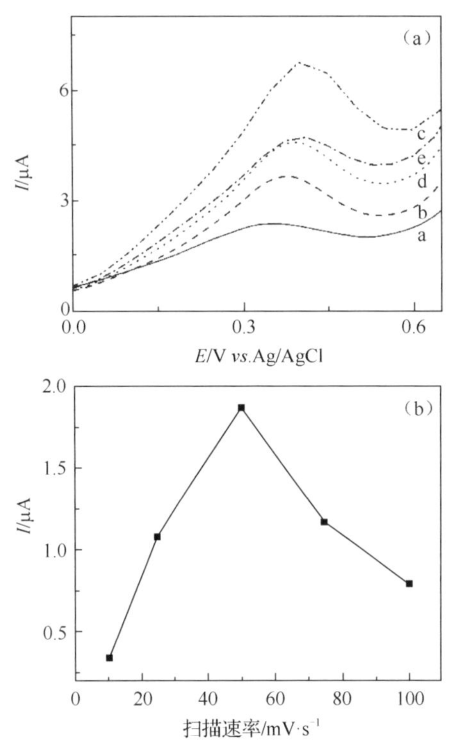

图 5-23　在 Sn（Ⅱ）离子浓度为 1×10^{-4} mol/L 时，扫描速率对 Sn（Ⅱ）离子测定的影响

（a）不同扫描速率（a～e）：10 mV/s，25 mV/s，50 mV/s，75 mV/s，100 mV/s；

（b）不同扫描速率与对应 DPV 曲线切线电流之间的关系曲线

5. 最优条件下对锡（Ⅱ）溶液的测定

通过上述实验表明，修饰剂用量为 5 mg/m^2、富集电压−0.8 V、富集时间 270 s、扫描速率 50 mV/s 是 MCF/CHIT/GC 电极的最佳实验条件。因此，我们在最佳实验条件下，使用差分脉冲溶出伏安法记录了 MCF/CHIT/GC 电极对 Sn（Ⅱ）离子的测量结果。如图 5-24（a）所示，曲线 a～g 表明 Sn（Ⅱ）离子的浓度依次增加，溶出峰电流也依次增大。根据溶出峰电流增高的程度，可以建立 Sn（Ⅱ）离子浓度与溶出峰电流之间的线性关系。结果如图 5-24（b），Sn（Ⅱ）离子浓度在 6.25～43.75 μmol/L 范围内与溶出峰电流响应呈良好的线性关系，其回归方程为：Ip（μA）= 0.0641 C（μmol/L）+ 2.5429，回归系数为 0.9969。因此，使用制备的 MCF/CHIT/GC 电极可以实现对 Sn（Ⅱ）离子的检测，检出限为 1.25 μmol/L。经比较，该电极线性范围比采用预镀汞的方法处理玻碳电极测定三苯基锡的范围宽[192]。

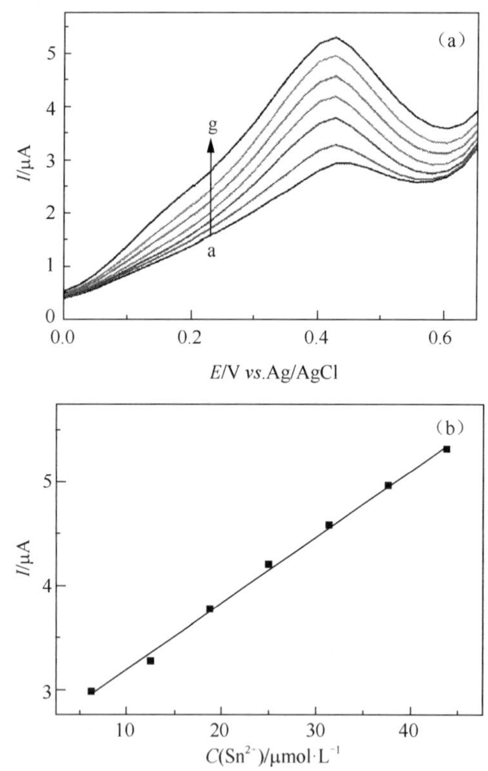

图 5-24　（a）MCF/CHIT/GC 电极在 1.0 M HCl 溶液中对不同浓度锡（Ⅱ）的 DPV 响应，（锡（Ⅱ）的浓度 a→g 分别为：6.25 μmol/L，12.50 μmol/L，18.75 μmol/L，25.00 μmol/L，31.25 μmol/L，37.50 μmol/L，43.75 μmol/L）（b）MCF-CHIT/GCE 电极在浓度为 6.25～43.75 μmol/L 范围内的溶出峰电流与锡（Ⅱ）浓度的线性关系

6. 共存离子的影响

本实验研究了共存离子对 Sn（Ⅱ）离子的检测的影响。干扰离子是指可能富集到电极表面，占据吸附位点，从而影响 Sn（Ⅱ）离子含量检测准确度的离子。本实验研究的干扰离子选择 Ba^{2+}、Bi^{3+}、Ca^{2+}、Cr^{3+}等 14 种离子。在 Sn（Ⅱ）离子浓度为 100 μmol/L 时，测定相对误差不大于 10%，结果如表 5-7 所示，其中，Cu^{2+}、Mg^{2+}对 Sn（Ⅱ）离子测定结果影响较小，电极具有吸附能力较强、线性范围比采用预镀汞的方法处理玻碳电极测定三苯基锡的范围宽的优点，但选择能力较差。后续研究应该在此基础上增强对 MCF 的孔道修饰，达到离子选择性增强的目的。

表 5-7　干扰离子对 MCF/CHIT/GC 电极测定 Sn（Ⅱ）离子结果的影响

干扰离子	浓度倍数	锡离子溶出峰（μA）	溶出峰电流减小率%	锡离子溶出电位（V）	溶出峰电位变化率%
Ba^{2+}	1	3.364	8.528	0.401	0.400
Bi^{3+}	1	3.366	7.040	0.391	3.540
Ca^{2+}	1	2.569	2.807	0.400	7.370
Cr^{3+}	1	8.036	5.850	0.383	0.883
Cu^{2+}	1	3.284	0.641	0.397	1.330
Fe^{3+}	1	4.138	4.489	0.394	7.612
K^{+}	1	3.513	9.370	0.426	0.637
Mg^{2+}	1	2.575	3.240	0.395	0.000
Mn^{2+}	1	3.356	8.600	0.391	2.713
Na^{+}	1	3.939	3.059	0.422	3.152
Ni^{3+}	1	2.776	4.031	0.381	2.459
PO_4^{2-}	1	2.822	3.722	0.410	3.872
PO_4^{3-}	1	7.789	4.284	0.411	3.872
SO_4^{2-}	1	5.667	5.071	0.414	2.103

（四）小结

本实验利用泡沫硅介孔材料大的比表面积、强的吸附能力，选择介孔泡沫硅为电极材料，以壳聚糖为黏结剂，制备了 MCF/CHIT/GC 修饰电极，改善了常规的平面电极预富集吸附金属离子灵敏的状况。用差分脉冲溶出伏安法研究锡（Ⅱ）在该电极上的溶出伏安特性，研究了最优实验条件，并在最优条件下对锡（Ⅱ）进行定量测定，实验结果发现锡（Ⅱ）浓度在 6.25～43.75 μmol/L 范围内与溶出峰电流响应呈良好的线性关系，检出限为 1.25 μmol/L，线性关系较强。

5.2 介孔材料在生物敏感电化学传感器中的应用

生物敏感电化学传感器是指与电化学换能器紧密接触的固定化敏感元件为生物材料（主要是酶，还有抗体、抗原、细胞器、DNA、全细胞或组织）的分析装置，该装置可将生物反应转化为定量可测量电信号*。

5.2.1 酶电化学生物传感器的发展阶段

（一）第一代电化学生物传感器

酶电化学传感器是最早问世的生物传感器。20 世纪 60 年代，Clark 和 Lyons 首先提出使用含酶的膜将尿或葡萄糖转变为产物，使用 pH 或氧电极来检测的设想[193]；在 1967 年，Updike 和 Hicks 把含有葡萄糖氧化酶的聚丙烯酰胺凝胶膜固定到氧电极上制备了第一支葡萄糖传感器，开创了生物传感器的历史[194]。此后，随着生物、化学、物理学、医学、电子技术等相关学科的迅速发展，各种类型的生物传感器相继出现：1972 年，Yellow Springs 仪器公司制造出第一个商业化的用于血糖和尿糖检测的生物传感器，之后 Leeds，Northrop 和 Beckman 仪器公司也相继推出用于血糖和尿糖检测的电化学传感器。自 20 世纪 80 年代以来，由于生物技术与传感技术的提高与应用，带动了生物传感器的发展，使之成为国际上广泛研究的重要课题。

按照酶分子与电极间电子传递的机理不同，电化学生物传感器大致经历了三个发展阶段[195, 196]，其工作原理如图 5-25 所示。

以氧为电子传递体来沟通酶的电化学活性中心与电极之间的电子通道，实现电催化的生物传感器为第一代电化学生物传感器（图 5-25）。此类生物传感器通过检测反应物（O_2）的消耗或产物（H_2O_2）的增加来反映被测物的浓度变化。由于溶解氧的消耗量受氧分压的影响，这给准确定量检测带来困难。此外，检测 H_2O_2 一般在较高的电位（+0.6～+0.8 V *vs.* Ag/AgCl）下进行，这使得生物样品中经常同时存在的具有较低氧化电位的抗坏血酸、尿酸等活性物质容易对检测产生严重干扰，所以严重影响了第一代电化学生物传感器的广泛应用。

* 本章讨论的内容主要针对介孔材料在固定化敏感元件为酶的电化学生物传感器中的应用。

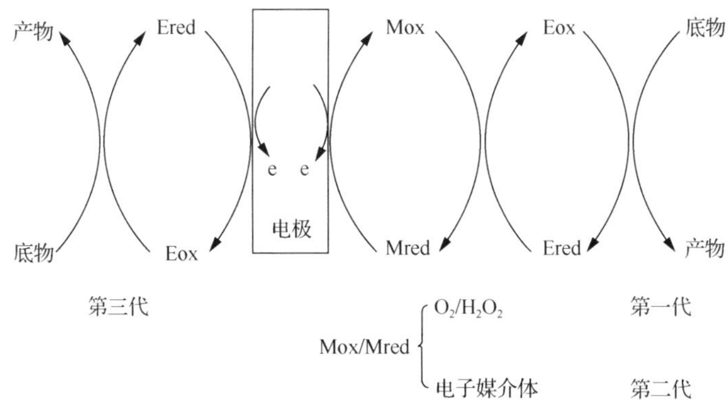

图 5-25 酶与电极之间的电子转移过程

（二）第二代电化学生物传感器

如图 5-25 所示，以小分子电子媒介体代替氧来沟通酶的电化学活性中心与电极之间的电子通道，通过检测媒介体在电极上被氧化的电流变化来测量底物浓度的变化，由此为基础构建了第二代电化学生物传感器。电子媒介体（mediator）是指承担着使生物活性物质的活性中心再生任务，其本身则被还原，在给定电位下，能在电极上再次氧化的有机分子，如亚甲基蓝、硫堇、巯基乙酸、四甲基联苯胺或二茂铁等。一般电子媒介体都具有良好的氧化还原可逆性和较低的式量电位，较氧更容易被还原态的生物活性物质的电化学活性中心所还原，而它自身则又可在电极上再次被氧化。在安培酶电极的响应过程中，酶（E）的活性中心与底物发生化学反应，并通过电子媒介体实现酶电化学活性中心与电极之间的电子传递，最后的结果是底物被氧化而使电极上有电子输出，并在外电路产生电流路，产生电流。在一定的条件下，该电流（即输出电子的速率）与底物浓度呈线性关系，基于此可对底物进行定量检测。酶蛋白在其中所起的作用主要在于提供选择性催化。这种传感器降低了检测电位，已成功开发出性能优良的产品。但是使用介体存在着电极制作复杂、媒介体污染电极、测量电位比较正，电化学活性物质干扰测定等问题[197]。

（三）第三代电化学生物传感器

1978 年苏联科学家发现在分子氧存在下漆酶（laccase）[198]和过氧化物酶（peroxidase）[199]可以实现直接电子转移。此后，其他蛋白质及酶的直接电化学从不同角度得到广泛的研究。这种不需要电子媒介体的存在，利用生物功能物质与电极间的直接电子转移即直接电化学实现生物分子的直接电催化，由此构建的生物传感器为第三代电化学生物传感器，其工作原理如图 5-25 所示。

前两代电化学生物传感器均属于间接电催化，而第三代电化学生物传感器是基于氧化还原蛋白质在电极上直接电子转移。由于生命活动的本质与电子传递密切相关，对第三代电化学生物传感器的深入研究，在了解生物氧化还原过程的动力学和热力学、探索生命体内生理作用机制等理论研究方面具有重要意义。

蛋白质和酶等生物大分子是构成生命的主要基元，参与完成生命体中的新陈代谢等许多生理过程，同时在这些生命过程中很多蛋白质和酶都要经历电子转移过程，在其氧化型和还原型之间相互转化。酶是一种具有生物活性的蛋白质，很多酶在生命体内都担负着电子转移的作用，因此属于氧化还原蛋白质。在生命活动过程中，无论是能量转换、神经传导、光合作用、呼吸过程，还是大脑的思维、基因的传递，都与电子传递密切相关。电子传递在生命过程中是普遍存在的，而且是生命过程中的基本运动。从某种意义上讲，研究生命过程实质上就是研究生物体中的电子传递过程[200]。电化学方法适合于研究此类生物大分子的电子迁移反应，因此氧化还原蛋白质的电化学研究应运而生。

氧化还原蛋白质的直接电化学发展，促进人们进一步去探讨氧化还原蛋白质的直接电子转移行为，同时也为第三代生物传感器的研制提供了基础，为应用电化学手段探索生物体系的奥秘打开了大门。一方面，氧化还原蛋白质与电极之间直接电子传递过程更接近生物氧化还原的原始模型，用电极充当电子的给予体或接受体，可以模拟生物体系电子传递机理和代谢过程，测定热力学和动力学参数，这对了解生命体内的能量转换和物质代谢，了解生物分子的结构和各种物理化学性质，探索生命体内生理作用以及作用机制具有重要的意义。此外，基于酶氧化还原活性中心与电极之间的电子传递，在电化学生物传感器中起着关键性的作用，因此研究氧化还原蛋白质在电极上直接电子转移，利用电极取代氧化还原蛋白质的电子媒介体，这为开发第三代生物传感器提供了新的思路，含有功能蛋白质的电极材料在生物传感器和生物催化方面展现了良好的应用前景。

（1）氧化还原蛋白质的种类

目前，氧化还原蛋白质的直接电化学研究仍只局限于一些结构和功能比较清楚的氧化还原蛋白质。根据氧化还原中心的不同，氧化还原蛋白质主要可以分为两大类，一类是以血红素为中心的蛋白质，如血红蛋白（Hb）、肌红蛋白（Mb）、细胞色素 C（Cyt-C）、辣根过氧化物酶（HRP）、微过氧化物酶-11（MP-11）、过氧化氢酶（CAT）等；一类是以 FAD（黄素腺嘌呤二核苷酸）为中心的酶，包括葡糖氧化酶（GOx），肌氨酸氧化酶（SOx），胆固醇氧化酶（ChOx）等。

1）血红素蛋白质

血红素蛋白质是一类含有辅基血红素的蛋白质。血红素（heme）由原卟啉Ⅸ与 Fe 组成，是一种可以以多重氧化态或还原态存在的分子，其结构如图 5-26 所示。

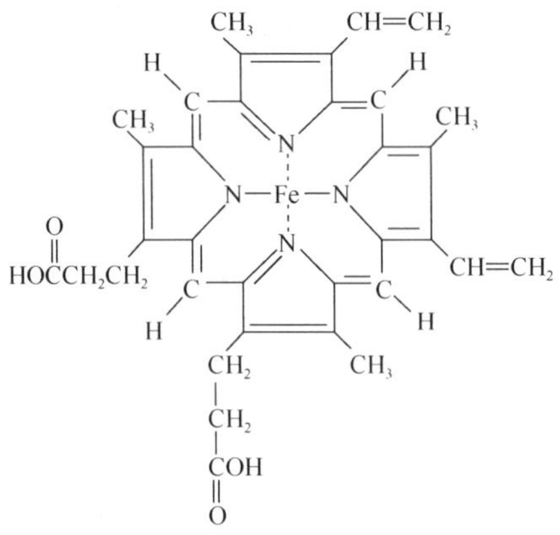

图 5-26　血红素的结构

细胞色素 C（Cyt-C）、肌红蛋白（Mb）、血红蛋白（Hb），过氧化氢酶（CAT）、辣根过氧化酶（HRP）等蛋白质都含有血红素活性中心。在本节中我们主要以 Mb、Hb、HRP 为模型分子，研究它们在特殊材料修饰电极中的直接电化学。

血红蛋白（Hb）　血红蛋白在高等生物体内负责运载氧，它是由两条 α 肽链和两条 β 肽链相互结合而成的四聚体。每个多肽链称为一个亚基，每个亚基包含一个环状血红素，故一个 Hb 分子内共包括有 4 个血红素辅基。这些血红素辅基分别位于血红蛋白的各个亚基的裂隙空穴中。Hb 的 4 个亚基相互排列紧密，形成近似球形的分子。Hb 的分子量约为 66 000，等电点为 7.4[201]，分子大小为 5.0 nm×5.5 nm×6.5 nm[202]。Hb 的亚基与 Mb 具有非常类似的结构，每个血红素卟啉环中心的铁原子有 6 个配位键，其中 4 个键与卟啉环上的 N 配位，形成一个平面，另外离血红素平面较近的一个组氨酸残基中的咪唑氮与血红素的铁原子形成一个轴向配位键，故通常血红素铁原子可形成 5 个配位键，此时它的直径较大，不能全部嵌入卟啉平面。当 Hb 血红素铁原子的第 6 配位与氧结合后，其直径缩小，落入卟啉环平面内。即伴随着 Hb 分子与氧的结合，Hb 的构象也发生了相应的变化。

Hb 的这种“变构现象”是调节其功能活动的极为有效的方式。

由于 Hb 的每个亚基与 Mb 在三级结构的排列上极为相似，所以它们在功能上也很相似，如，它们都能进行可逆的氧合作用，都能催化过氧化氢。但是 Hb 是一个四聚体，它的整个结构要比 Mb 复杂得多，因此具有一些 Mb 所没有的功能，如 Hb 除了能够运载氧外，还能运输 H^+和 CO_2。

肌红蛋白（Mb） 肌红蛋白（Mb）位于肌肉的肌细胞中，其功能主要是储氧和载氧。Mb 是一条多肽链和一个血红素辅基构成的单链蛋白质，其分子量约为 17 800，等电点 6.8[203]，分子大小为 2.5 nm×3.5 nm×4.5 nm[204]。蛋白质的肽链盘绕成一个球状结构。X 射线衍射研究表明，Mb 中的多肽链 70%是以螺旋形式存在的。链中极性的氨基酸残基几乎全部分布在分子表面，使 Mb 具有水溶性；而非极性的氨基酸残基分布在分子内部，使内部成一个疏水空腔，血红素几乎整个包埋在这个空穴中。血红素卟啉环中心的铁原子有 6 格配位键，其中 4 个键与卟啉环上的 N 配位，形成一个平面，第 5 轴向配位键与肽链的组氨酸咪唑氮相连，第 6 轴向配位键或者空着，或者结合氧。故 Mb 的重要生理功能之一是储存和运载分子氧。在水环境中，游离的血红素中的铁通常很容易被氧化为 Fe（Ⅲ），但血红素 Fe（Ⅲ）没有氧合能力。而 Mb 由于为血红素提供了一个疏水空腔，避免了 Fe（Ⅱ）被氧化为 Fe（Ⅲ），从而保证了血红素的氧合能力。此外，第 6 配位键还能与 H_2O，NO^{2-}，OH^-，F^-，CN^-，N^{3-}，H_2S，CO，NO 等离子或分子配位。血红蛋白包含在血液的红血细胞中，肌红蛋白位于肌肉的肌细胞中。血红蛋白和肌红蛋白两者的功能都是结合氧，但它们的生理功能是很不同的。血红蛋白在肺部结合 O_2 并通过血液循环把它带到各个组织。细胞中的 O_2 是由肌红蛋白分子结合储存，当代谢作用需要时，它们把 O_2 释放出来交给其他接受体。所以血红蛋白和肌红蛋白的生理功能分别是载氧和贮氧。肌红蛋白和血红蛋白与氧结合后，其球蛋白结构发生变化，造成蛋白质的几何及电子结构的变化。肌红蛋白和血红蛋白与氧结合时的变构现象和酶与底物作用时引起的结构的变化有异曲同工之效，因此肌红蛋白和血红蛋白享有“类酶”之称。

辣根过氧化物酶（HRP） 过氧化物酶是一类以过氧化氢为电子受体的氧化还原酶，广泛存在于动植物体内。其中，辣根过氧化物酶（HRP），是从植物辣根中提取的一种含有血红素的过氧化物酶，因具有高稳定性和水溶性、易于提取和纯化等特点而且其来源广泛，极具有应用价值。人们对它的研究已经有一个多世纪了。作为过氧化物酶的典型代表，其功能主要与平衡生物体系中 H_2O_2 的浓度有关。长期以来，人们以 HRP 为研究对象来研究过氧化物酶的结构、动力学和热力学等相关性质，并且以此为基础认识和理解过氧化物酶在生命体内的电子转移机制和生理作用[205]。HRP 由 6 条多肽链和 6 个血红素辅基组成，分子量约为 44 000，等电点为 8.9[206]，分子直径约为 3.5 nm[207]。血红素是它的电化学活性中心，同时也是其催化活性中心。HRP 可催化 H_2O_2 与还原底物的反应。

2）FAD 蛋白质

除了将血红素蛋白应用于第三代电化学传感器研究，还有一类氧化还原蛋白质研究比较广泛，即以 FAD 为中心的酶，包括葡糖氧化酶（GOx），肌氨酸氧化酶（SOx），胆固醇氧化酶（ChOx）等。其中，葡糖氧化酶广泛地分布于动植物和微生物体内，能专一性地催化β-*D*-葡糖生成葡萄糖酸。葡糖氧化酶传感器用于诊断糖尿病，是最著名的生物传感器之一。

葡糖氧化酶　2009 年，印度学者 Ananthanarayan 在 *Biotechnology Advances* 期刊上发表了关于葡糖氧化酶的综述，对其结构、性质以及制备、提纯、表征和应用进行了详细的描述[208]。

通常，GOx 以同型二聚体的形式存在，随来源不同，分子质量一般在 150～175kDa，其最佳活性 pH 范围与其来源亦相关，来自 *A. niger*（黑曲霉素）的 GOx 的最佳 pH 范围和 *P. magasakiense* 分别显示为 3.5～6.5 和 4.0～5.5。显然，来自 A.niger 的 GOx 具有更宽的 pH 范围。

GOx 以 FAD 为氧化还原中心，是一种需氧脱氢酶，在 O_2 存在条件下，催化葡萄糖氧化为葡萄糖酸内酯。在该反应中，GOx 分为还原和氧化步骤。在还原半反应中，GOx 催化β-*D*-葡萄糖氧化成 *D*-葡糖酸-δ-内酯，其被非酶促水解成葡糖酸。随后，GOx 的 FAD 环被还原为 $FADH_2$。在氧化半反应中，还原的 GOx 被氧气再氧化，并产生 H_2O_2。H_2O_2 被过氧化氢酶（CAT）裂解产生水和氧气。值得注意的是，葡糖氧化酶具有催化特异性，其对β-*D*-葡萄糖表现出高度的专一性。较α-*D*-葡萄糖而言，GOx 对β-*D*-葡萄糖的催化活性要高出前者 160 倍。

第三代电化学传感器的主要特征在于利用氧化还原蛋白质可以直接在电极上进行电子转移的特性，可实现这一类酶传感器在接近于酶的氧化还原电势的较低检测电位下使用，而无需使用电子媒介体，因此第三代酶传感器一般都表现出极高的选择性。以葡糖氧化酶为例，其反应方程表达为：

酶层：
$$\mathrm{GOx_{(ox)}} + \text{葡萄糖} \longrightarrow \mathrm{GOx_{(red)}} + \text{葡萄糖酸} \tag{5-4}$$

电极：
$$\mathrm{GOx_{(red)}} \longrightarrow \mathrm{GOx_{(ox)}} + ne^- \tag{5-5}$$

由图 5-27 可以看出，GOx 活性中心 FAD 被深深地包埋在蛋白质内部，较难实现直接电子转移。以往研究中，常需引入二茂铁等电子转移媒介体来促进电子转移。近年来的实验结果表明，通过适当的方式、选用合适的电极修饰材料可以在完成 GOx 在电极表面固定的同时，实现固载 GOx 在电极表面的直接电化学。

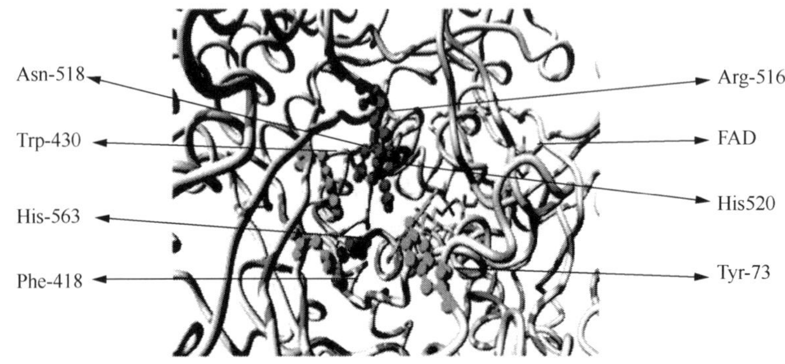

图 5-27　来自 *P. magasakiense*（青霉素）的葡糖氧化酶

（箭头指示为 FAD 部分及主要的活性位点残基）[209]

（2）氧化还原蛋白质实现直接电化学的方法

氧化还原蛋白质的直接电化学，即氧化还原蛋白质与电极间的直接电子转移。氧化还原蛋白质的直接电化学在裸金属电极上很难实现，其氧化还原电化学反应通常是不可逆的。原因主要在于[210]：①氧化还原蛋白质的分子很大、结构复杂且具扰曲性。大多数蛋白质的氧化还原中心被多肽链包围，深埋在氧化还原蛋白质中，处于具有三维结构的裂隙中且不易暴露，这些裂隙具有高度的疏水性，因此很难接近电极表面，阻碍了其与电极间的电子转移。②大多数氧化还原蛋白质强烈地吸附在金属表面并伴有形状的改变，变形后的蛋白质经常表现为不可逆的电化学行为并影响未吸附分子的电子转移。③蛋白质的高离子特性和表面电荷的非对称分布，影响了其电子反应的可逆性。④蛋白质分子较大，溶液中的浓度一般较低，故产生的氧化还原电流较小，其信号容易被充电电流、残余电流等背景电流所掩盖，电化学响应很小。

实现氧化还原蛋白质的直接电化学，要满足以下条件：一是缩短氧化还原蛋白质的活性中心与电极间的距离；二是保持氧化还原蛋白质的生物活性，对底物进行响应。对常用的能获得氧化还原蛋白质直接电化学的方法进行总结分类，通常可行的为以下 6 种方法。

1）使用电子转移促进剂

促进剂与媒介体不同，它们在所研究的电位范围内没有电化学活性，在电极上修饰特定的电子转移促进剂，可使氧化还原蛋白质与电极之间的直接电子转移成为可能。促进剂分为含有双功能基团（表示为 X-Y）和含有单功能基团两种。双功能基团结构 X-Y 中 X 是能吸附于金属电极表面上的活性功能基团，通常为 N、S 等原子，Y 是阴离子或碱性基团，它和氧化还原蛋白质的正电荷部分赖氨酸残基相连，形成离子键、盐桥或氢键，从而在氧化还原蛋白质和电极之间形成电子迁移通道，使直接电子转移成为可能[211]。

早在 1977 年，Hill 研究小组发现 4,4'-联吡啶在所研究的电位范围内不发生任何电化学反应，但它能促进细胞色素 Cyt-C 的电化学反应。1987 年，Armstrong 等报道了氨基苷类化合物能促进 Cyt-C 过氧化物酶（CCP）直接电催化还原 H_2O_2[212]。此外，董绍俊小组研究了单功能基团的有机分子如 2,2'-联吡啶及吡嗪分子在电极上的吸附，也实现了 Cyt-C 的直接电化学检测[213, 214]。

2）化学修饰氧化还原蛋白质形成电子转移中继体

由于氧化还原蛋白质的氧化还原中心被深深地埋在庞大的分子结构中，通常的电子隧道距离很大，因此天然氧化还原蛋白质与普通电极之间的直接电子传递几乎不可能的。研究表明电化学活性物质在电极上的反应速率显著依赖于电子隧道距离即电子供体和受体之间的距离，随着电子隧道距离的增大，反应速率成指数下降。电子隧道距离的最大允许值约为 17Å，当电子隧道距离大于此值时，电子传递速率慢到无法观测[215]。鉴于此，Degani 和 Heller 等提出了通过化学修饰酶等氧化还原蛋白质形成电子转移中继体（electron-transfer relays），可缩短电子隧道距离，从而实现氧化还原蛋白质的直接电化学。他们将二茂铁衍生物共价连接到 GOx 和 D-氨基酸氧化酶（AOD）上，从而获得了这些酶在铂或金电极上的直接电化学。这类直接电子转移的研究多集中在葡糖氧化酶的应用和机理研究上[216]。然而，与未经修饰的天然酶相比，化学修饰酶的活性只保持原来的 1/2～2/3，这是此法的一大缺点。

3）氧化还原蛋白质在电极表面的吸附

通常条件下，氧化还原蛋白质在电极表面很难实现直接电子转移。但是，电极在经过适当处理后，氧化还原蛋白质以静电力定向吸附在电极表面，可以促进其在电极上的直接电子转移[217]。

以细胞色素 C 为例，Armstrong 等首先采用石墨电极研究了其在电极表面吸附对直接电化学的影响。热解石墨和玻碳的表面层含有丰富的功能基团，因而适合于蛋白质的固定和反应[218]。研究表明，细胞色素 C 在基面热解石墨电极上的电子传递能力是比较差的，电化学信号也比较小。相反，棱面热解石墨表面亲水性比较强，氧化物含量也比较多，细胞色素 C 在棱面热解石墨电极上就能给出很好的准可逆电化学响应[219]。玻碳的表面性质比较接近棱面热解石墨，因此细胞色素 C 在玻碳电极上也能给出较好的电化学响应[220]。除了细胞色素 C，葡糖氧化酶，黄嘌呤氧化酶（XOD），辣根过氧化物酶等过氧化物酶通过电极吸附的方法也取得了很好的直接电子转移信号[221]。

4）模拟生物膜修饰电极

在生命体内类脂与蛋白质共同组成了生物膜。由类脂所形成的双分子层是生物细胞膜的基本结构单元。类脂也是一种表面活性剂，它具有典型的两亲结构，既有疏水的碳氢长链又有亲水的极性基团，而蛋白质则吸附在双层生物膜表面或嵌入其内部。表面活性剂膜、双层类脂膜、DNA 膜和分子自组装膜都具有独特的类生物结构和生物相容性，为电化学模拟氧化还原蛋白质的生物功能创造了条件，可以有效地促进蛋白质到电极表面的电子转移。

1993 年，Rusling 等报道了肌红蛋白质（Mb）在涂布于热解石墨（PG）电极上的双十二烷基二甲基溴化铵（DDAB）多双层表面活性剂薄膜中表现出相当可逆的 CV 行为，这是首次将蛋白质的直接电化学研究与多层模拟生物膜相结合[222]。这种由表面活性剂所组成的双层膜与生物细胞膜中类脂所组成的双分子层结构很类似，有利于实现蛋白质的直接电子转移。常用的表面活性剂还有 SDS（sodium dodecyl sulfate）[223]，Triton-100[224]，DMPC（双十四酰磷脂酰胆碱）[225]，DHP-PDDA[226]等。双层类脂膜能将生物分子嵌入其中，同时可以模拟氧化还原蛋白质生物代谢过程的特性[227, 228]。DNA 和氧化还原蛋白质同存在于线粒体内，研究氧化还原蛋白质与 DNA 的作用[229]，对理解生物呼吸链能量转换具有极其重要的意义。研究表明以 DNA 修饰电极用于血红蛋白（Hb）固载，可以实现 Hb 的直接电子转移，并成功制备了 NO 生物传感器[230]。

分子自组装是分子与分子在一定条件下依赖非共价键分子间作用力自发连接成结构稳定的分子聚集体的过程。基于静电作用的分子自组装可形成超分子多层膜结构，实现蛋白质和酶的直接电化学[231]。自组装单分子膜（SAMs）有很高的稳定性，已成功地应用于蛋白质直接电化学[232]。

5）聚合物膜修饰电极

导电聚合物、有机导电盐和天然高分子等聚合物膜修饰电极也可以实现氧化还原蛋白质直接电化学。

Wolfgang 等[233]报道了包埋在聚吡咯中的喹啉血红蛋白乙醇脱氢酶（QH-ADH）和 Pt 电极之间的直接电子转移。与聚吡咯相近的材料还有聚苯胺（PAn），聚噻吩（PTh），它们都是有利于氧化还原蛋白质实现直接电化学的潜在材料。

有机导电盐具有如下特征：①有分开的堆积结构，即所有的给体分子为一种类型的堆积，而所有受体分子为另一种类型的堆积；②给体（或受体）通过电子的失去（或获得）形成新的芳香性六隅体，以保证堆积间电荷载体的流动性；③堆积间发生部分电子转移。在这些导电有机盐中，四硫富瓦烯（给体）一四氰醌二甲烷（受体）（TTF-TCNQ）是一种被广泛研究的导电有机盐，它对含 FAD 的酶而言是一种有效的电子转移介质[234]。

最近几年，使用天然高分子固定蛋白质实现直接电化学的研究受到了人们的关注。常用的天然高分子固定蛋白质有谷蛋白和壳聚糖等，由于它们具有生物相容性，可以很好地保持酶的活性。胡乃非等[235]分别把 HRP，Mb，Hb 三种蛋白质固定在谷蛋白修饰 PG 电极上，研究了这三种蛋白质的直接电化学性质。壳聚糖含有—OH 和—NH—官能团，适宜于化学修饰。近年来的研究表明，将氧化还原蛋白质固定在壳聚糖和纳米粒子的杂化膜中，也能实现很好的直接电化学[236]。

用其他的聚合物包埋酶也可以实现酶的直接电化学，如聚丙烯酰胺（PAM）[237]、聚合物 TBMPC 膜等[238]。

6）纳米修饰电极

蛋白质在常规电极上难以观察到直接电化学现象。纳米粒子具有独特的催化活性和生物兼容性，发展纳米修饰电极，开展界面上的生物大分子的直接电化学和电催化过程及其机理的研究，可获得一系列具有高灵敏度和超高选择性的生物传感器及其分子器件，为生命科学提供有价值的检测手段，同时也为揭示生物小分子某些生理功能提供科学信息。

Natan 等[239]首先报道了细胞色素 C 在金（Au）纳米溶胶修饰 SnO_2 电极表面上的直接电子传递，把金纳米粒子看做是“电子天线”，在电极和电解质有效地传输电子，并且带负电荷的金纳米粒子的静电吸引作用有利于细胞色素 C 的活性中心与金纳米粒子表面接近。

利用蛋白质/酶与纳米粒子的有序组装也可以实现蛋白质在电极表面的直接

电子转移[240]。Chen 等将 Au 电极表面通过巯基功能化，随后吸附胶体 Au 微粒，最后将血红蛋白、辣根过氧化物酶（HRP）通过静电作用吸附到金纳米粒子表面，实现了其直接电化学响应[241, 242]。Willner 等在金纳米粒子上实现了重构的葡糖氧化酶的直接电子传递，并具有良好的葡萄糖催化活性[243]。

除了金纳米粒子外，在氧化还原蛋白质直接电化学中常用的纳米粒子还有纳米 SiO_2 [244]、纳米 TiO_2[245]和碳纳米管[246]等。

此外，稀土金属氧化物纳米粒子 CeO_2、Eu_2O_3、Nd_2O_3、Yb_2O_3，Dy_2O_3、Er_2O_3 等[247]在氧化还原蛋白质直接电化学研究中也有报道。

大量的研究表明：固定化氧化还原蛋白质时引入纳米颗粒有如下优点：①纳米颗粒能够增加氧化还原蛋白质的催化活性，提高电极的响应电流值；②纳米颗粒增强氧化还原蛋白质在载体表面上的固定化；③纳米颗粒对氧化还原蛋白质在电极上起到定向作用，可以改变氧化还原蛋白质的微环境，氧化还原蛋白质分子在定向之后，其功能会有所改善；④金属纳米颗粒具有良好的导电性和宏观隧道效应，作为一种固体促进剂，可作为固定化氧化还原蛋白质与电极之间有效的电子媒介体，从而使氧化还原蛋白质的氧化还原中心与电极间通过纳米粒子进行直接电子转移成为可能。

在电化学生物传感器的开发中仍有待改进的两个关键点是：①需要在电极表面有效和持久地固定大量活性的生物分子；②提供有利的环境，促进有效的电子转移反应。

5.2.2 蛋白质的固定技术

在电化学生物传感器的构建中，一个关键技术就是如何将蛋白质等生物大分子（酶、抗原、抗体等）稳定、高活性地固定到基体电极表面，这直接影响到生物传感器的测定重复性、灵敏性、线性范围、检测限及使用寿命等。蛋白质固定技术主要包括吸附固定法、包埋法、交联法、共价键合法等。

吸附固定法[248-250]　吸附固定是一种通过物理吸附作用将蛋白质固定于电极表面的方法。例如，由于抗体自身带有巯基，而巯基与金之间存在疏水相互作用和形成 S—Au 键，抗体易于吸附在金表面，所以在免疫分析中，用金电极作基体电极时，就可以用吸附固定法将抗体固定到金电极表面进行免疫传感分析。此外，活性炭、高岭土、羟基石灰石等材料也是用于吸附蛋白质的良好载体。吸附的驱动力可能是氢键、范德华力或离子键等，也可能是多种键合形式共同发挥作用。

吸附的牢固程度与溶液的 pH、离子强度、温度、溶剂性质和种类，以及酶浓度有关。这种方法的优点是无需使用化学试剂，因而对被固定蛋白质的活性影响较小，同时固定操作相对简单，所需蛋白质量相对较少。但是，由于大多数普通电极表面对蛋白质的吸附能力很弱，因此，固定化蛋白质的稳定性较差，严重影响到传感器的测定重复性和使用寿命。所以，有时必须对电极表面进行适当地处理和修饰，以改进其表面吸附性能[251]。

包埋法[252]　将蛋白质分子包埋并固定在高分子聚合物或 sol-gel 等材料三维空间网状结构基质中即为包埋法。包埋法的优点是一般不产生化学修饰，对蛋白质分子的活性影响较小，膜的孔径和几何形状可任意控制，被包埋物不易泄漏，底物分子可以在膜中任意扩散；缺点是分子量大的底物在凝胶网格内扩散较困难，因此不适和大分子底物的测定。常用的凝胶材料有：琼脂菌膜、明胶酶膜、有机导电聚合物膜、sol-gel 材料等。由于有广泛可得的成膜材料，因而膜包埋技术成为生物材料固定的主要方法。但膜的生物相容性、稳定性、膜与电极表面的黏结性等，是膜包埋技术中常遇到的问题。因此，致力于改进膜的性能、延长生物传感器的使用寿命，仍是目前电化学生物传感器研制中的热门研究领域。

交联法[253]　交联法是利用双功能官能团试剂，使蛋白质分子彼此共价结合成网状结构的方法。双功能试剂具有两个功能基团，能与蛋白质中赖氨酸的ε–氨基、N端的α–氨基、酪氨酸的酚基或半胱氨酸的巯基发生共价交联。最常用的双功能试剂是戊二醛。交联法存在的主要问题是生物膜与电极表面结合力不强，固定的稳定性差，同时，在进行固定化时需要严格控制 pH，一般在蛋白质的等电点附近操作，交联试剂的浓度也得小心调整，如戊二醛本身能使蛋白质中毒，通常以 25%（体积分数）浓度为宜。在交联反应中，酶分子不可避免地会部分的失活。

共价键合法[254]　共价键合法是通过特殊的化学键将蛋白质分子固定到电极表面。要实现生物分子与电极表面的共价键合，首先必须对电极表面进行处理或化学修饰，引入活性反应基团，如—NH_2、—OH、—COOH 等，然后用偶联剂将蛋白质与电极表面的活性基团共价连接，从而将蛋白质固定。显然，这是一种非常稳定、可靠的固定方法，但化学反应可能导致生物分子失活。此外，固定操作相对复杂。

5.2.3　介孔材料在酶电化学传感器中的应用

有序介孔材料（尤其是二氧化硅基材料、OMC）已被证明是固载酶的适宜载体，有利于保持固载酶的生物活性[255]，因此可作为电极材料构建电化学生物传感器[256]。自 20 世纪 90 年代早期发现介孔结构的硅基材料以来，多种不同的无机介孔材料均被发展用于固载蛋白质，除了介孔硅材料[257, 258]，还有介孔金属氧化物[259]和介孔碳材料[260, 261]。介孔硅材料，尤其是有序介孔硅酸盐，在蛋白质固载领域的应用最为广泛。这是因为它们具有生物相容性、孔道规则有序、比表面积巨大等优点。固载于介孔硅材料上的酶由于介孔的纳米孔道的保护通常显示出良好的稳定性。介孔材料在第一代、第二代和第三代电化学生物传感器中均有应用。

（一）介孔材料在第一代电化学生物传感器中的构筑

这种构筑方式为：在这种方式中，只有酶这种组分固定在电极修饰材料上，然后通过电极检测酶促反应产生的产物来实现信号的传导。已报道的构建方式有：以介孔硅或介孔碳为载体，固载酶，利用酶促反应监测农药、杀虫剂等相关研究。现以乙酰胆碱酯酶为生物敏感元件，乙酰胆碱或其他人工合成类似物为底物，构建第一代电化学生物传感器检测有机磷体系为例：在生物体内，有机磷化合物能不可逆抑制人类和昆虫中枢神经系统功能的必需酶：乙酰胆碱酯酶（AChE）。这种抑制导致神经中神经递质乙酰胆碱的积聚，干扰肌肉活动和重要器官的功能，甚至可能导致死亡。有机磷化合物同样会抑制固定在电极表面的乙酰胆碱酯酶的活性，导致其所催化水解产物硫代胆碱量的降低，从而降低酶电极对底物的电流响应（硫代胆碱能够在电极表面产生氧化信号）。这种抑制作用通常是不可逆的，传感器只能一次性使用。当然，乙酰胆碱酯酶的敏感响应底物除了天然底物乙酰胆碱外，还可使用其他人工合成类似底物（如氯化硫代乙酰胆碱）。例如：Wenjie Hou 等使用氧化锑锡壳聚糖（ATO-CS）和有序介孔碳壳聚糖（OMC-CS）复合纳米材料制备修饰电极，可有效进行有机磷农药检测。以毒死蜱和甲胺磷为模型化合物的条件下，毒死蜱和甲胺磷的检测限分别为 0.01 $\mu g \cdot L^{-1}$ 和 1 $\mu g \cdot L^{-1}$。实验结果表明，ATO 可有效地促进电子转移，OMC 则提供了更大的比表面积，从而可以有效固载更多的酶，提高传感器的灵敏度[262]。

Palanivelu 等将乙酰胆碱酯酶通过共价键的方式固载到介孔硅 SBA15 中，通过 Ellman 的分光光度法检测酶活性，发现固载后的酶依然保持了生物活性。且固载后的 AChE 保持其催化活性长达 60 天，即使在 37 ℃也保持 80%的水解活性。有机磷农药久效磷和乐果能够有效抑制被固载的乙酰胆碱酯酶，广泛用作杀虫剂农业。发现久效磷的抑制浓度（IC50）值为 2.5ppb（10^{-9}），抑制固定的 AChE 的乐果浓度为 1.5ppb。通过循环伏安法表征，证明 SBA-15@AChE 复合物可用作敏感且高度稳定的用于检测有害农药化合物浓度的传感器[263]。

Wu 则通过将乙酰胆碱酶固定在介孔二氧化硅（AFMS）中，制备了一种响应快、性能稳定的检测氯化乙酰胆碱的丝网印刷传感器，并可用于大蒜样品中久效磷的检测[264]。

此外，Tang 使用介孔碳和细胞表面表达的有机磷水解酶共同组装到玻碳电极表面，由于有机磷水解酶能够将对硝基苯基取代有机磷酸酯水解为对硝基苯酚，对硝基苯酚在电极表面发生氧化反应，因此，对硝基苯酚氧化电流与对氧磷（成分：对硝基苯基取代有机磷酸酯）浓度呈线性关系。研究结果表明，这是一种选择性好、敏感和快速的传感器，可用于对硝基苯基取代的有机磷的现场检测[265]。

又如，使用固载了葡糖氧化酶或辣根过氧化物酶的介孔硅颗粒，将其作为薄膜沉积在玻碳电极（GCE）上[266]，或使用 OMC 固载葡糖氧化酶和醇脱氢酶，然后涂覆到 GCE 表面[267]，也可构建第一代电化学生物传感器。在后一种情况中，如果介孔孔径与固载酶的尺寸相互匹配，即 OMC 孔径与酶的大小处于同一数量级，则 OMC 传感器相对于使用碳纳米管构筑的相似传感器表现出更好的性能，如更宽的线性范围、更低的检测限、更好的灵敏度和更快的响应时间等[268]。而当使用不导电的介孔硅构筑第一代电化学生物传感器时，则需要使用相对于酶的尺寸更大的孔径材料，以确保检测物质在电极界面上的快速传输。这是因为介孔硅与 OMC 不同，由于 OMC 具有导电性，因此 OMC 修饰电极上的酶产物可在产生的同时就在原位实现电化学响应，而在绝缘硅介孔中产生的相同酶产物必须从结构中扩散到电极表面才能被检测到。改善这个问题的方法是将介孔硅与其他导电材料复合，增加材料导电率，如在介孔硅中引入金纳米粒子或者使用导电聚合物，或制备二氧化硅—碳复合纳米材料等。另一方面，在 OMC 上负载 Au 和 Pt 纳米粒子，并与 GOx 实现共同固载，可构筑安培葡萄糖生物传感器。该传感器具有高选择性，这可能是由于金属离子的引入降低了检测 H_2O_2 所需的过电压[269]。此外，经研究表明，使用两种酶（如酪氨酸酶和 HRP458 或 2-羟基联苯-3-单加氧酶和 GOD459）共同固载于介孔硅构建传感器的双酶体系，检测性能良好，这也表明介孔硅载体能够为固载酶提供良好的内部环境。

（二）介孔材料在第二代电化学生物传感器中的构筑

以介孔材料为载体，将酶与电子媒介体共同固载于电极表面可构建所谓的第二代电化学生物传感器。在目前的研究中，除了使用 OMC 固载 Meldola's Blue 和醇脱氢酶[59]用于检测乙醇的研究实例外，所有其他实例均基于介孔硅为载体来进行二代电化学生物传感器的构筑，包括使用甲醛脱氢酶和醌检测甲醛，使用漆酶氧化酶和亚甲蓝检测儿茶酚[270]，或使用乳酸盐氧化酶和的钴酞菁用于分析 *L*-乳酸盐[271]。此外，也有研究工作指出使用金属或金属氧化物作为催化剂与酶共同固载也可提高传感器性能，例如：在 SBA-15 上沉积 CuO 与酪氨酸酶结合[272]或使用的 Cu 掺杂的 OMC 固载漆酶[273]等。最后，值得一提的是，在构筑第二代电化学生物传感器的研究方面，尽管有序大孔金属电极已有相关研究，但迄今尚未有介孔金属应用于该领域。此方面讨论超出了本书的阐述范围，因此不予详细展开。

（三）介孔材料在第三代电化学生物传感器中的构筑

2000 年，Washmon-Kriel 首次将介孔硅材料应用于第三代电化学生物传感器的研究[274]。Washmon-Kriel 研究了细胞色素 C（Cyt-C）在有序介孔分子筛 MCM-48（2～4 nm）和 SBA-15（5～30 nm）上的固载。实验发现，在蛋白质易变性的溶液中，固载于分子筛中的蛋白质仍保持很好的生物活性和稳定性。在接下来的几个月的时间里，循环伏安结果表明固载后的 Cyt-C 仍保留着它的氧化还原活性。与石墨和 Cyt-C 混合压片的样品做对比，发现尽管固载于介孔硅上的 Cyt-C 表现出较弱的直接电子转移信号，但固定后的 Cyt-C 的稳定性是非常明显的。也许受前期制备的介孔二氧化硅的孔径较小等原因的影响，介孔硅在第三代电化学生物传感器中的应用的研究非常有限。四年后，鞠熀先组才报道了使用六边形有序介孔硅材料（HMS）固载系列氧化还原蛋白质用于直接电化学的研究。在研究中使用的氧化还原蛋白质包括：血红蛋白（Hb）、肌蛋红白（Mb）和辣根过氧化酶（HRP）[275, 276]。HMS 根据合成时使用的表面活性剂的不同而使用不同孔径。其中，使用十八烷基胺（ODA）做表面活性剂得到的介孔 HMS 的孔径为 4.04 nm，使用十二烷基胺（DDA）做表面活性剂得到的介孔孔径为 3.35 nm。研究表明固载于 HMS 上的氧化还原蛋白质均表现出了直接电子转移性能。其中，在 ODA-HMS 上被固定的 HRP 比在 DDA-HMS 上表现出了更明显的电化学响应，研究者推断这种更显著的电化学响应是因为 ODA-HMS 具有更大的孔径从而利于 HRP 吸附。在此基础上，固载于 HMS 上的氧化还原蛋白质还被应用于过氧化氢和亚硝酸盐的电化学催化研究。此外，葡糖氧化酶固载于六边形有序介孔硅材料（MCM-41）也表现出很好的直接电化学响应[277]。随着纳米技术的发展，近年来，具有大尺寸孔径的介孔硅材料越来越受到人们的关注，因为大尺寸孔径增加了对不同尺寸蛋白质的选择性，为后续介孔材料的化学修饰提供了更大的可利用空间，为增加介孔材料的功能性提供了可能性[278-280]。朱俊杰组使用 SBA-15（直径 30 nm）固载 Hb 获得了 Hb 的直接电子转移，并且实现了对过氧化氢的还原催化[281]。李景虹组选择了具有双孔径分布的介孔硅(BMS)作为固载 Hb 的基底，它具有 10～40 nm 的较大孔径和 2～3 nm 小孔孔径。固载的 Hb 表现出很好的直接电化学响应，并且与没有 BMS 时相比，显示了更好的电化学催化性能。研究者推断这种高效的电化学催化性能可能是由于 BMS 双孔径的分布结构，即大的孔道为蛋白质的固载提供了有效空间，而它的小孔则为物质的传输提供了便利[282]。

随着介孔材料在第三代电化学生物传感器研究的深入，为了提高固载蛋白质的直接电化学信号，Au、量子点（QDs）、Pt 纳米粒子作为促进剂也被尝试着应用于介孔硅固载蛋白质体系[283-286]。金利通研究组对比了介孔 SBA-15 固载 Hb 和 Au 掺杂 SBA-15（Au-SBA-15）固载 Hb 两体系的直接电化学信号，发现 Hb 在两体系中均具有直接电化学信号。然而，固载于 Au-SBA-15 中的 Hb 表现出更高的电子转移速率。使用计时安培法对比研究 Hb/SBA-15 和 Hb/Au-SBA-15 对过氧化氢的催化活性，发现 Hb/Au-SBA-15 对过氧化氢的响应电流是 Hb/SBA-15 的响应电流的三倍，具有更宽的线性范围和更小的 Michaelis 常数（米氏常数 K_m）。李景虹组应用了量子点（DQs）来促进固载于介孔硅材料 MCF 中的 Mb 的电子转移，并且获得了与金利通组相似的实验结果[285]。Azadeh Azadbakht 在最新发表的文章中使用双金属 Au-Pt 纳米纤维制备修饰电极，然后涂覆 MCM-41 固载 Hb 的 Nafion 混合液，发现该电极对痕量过氧化氢具有良好响应[287]。

综上所述，无机介孔硅材料是一种有效的、可保持蛋白质活性的适宜载体。使用具有恰当孔径大小的介孔硅并用恰当的方式实现蛋白质在介孔硅材料上的固载，可以使固载蛋白质表现出直接电化学信号。在诸如金、量子点等促进剂的辅助下，固载蛋白质的直接电化学性能可以被大大地提高。总而言之，介孔硅为蛋白质的直接电子转移和第三代电化学生物传感器的构建提供了有效的平台[288]。

除了无机介孔硅基材料，许多科研工作者也发现了其他介孔材料在第三代电化学生物传感器上的应用潜力，例如：介孔碳、介孔硅—碳及介孔金属氧化物。

介孔碳由于它的低成本和在导电方面出色的表现，在固载蛋白质方面受到研究者们的关注。冯九菊等研究者使用壳聚糖作为介孔碳（CMK-3，孔径 3.2 nm）和玻碳电极表面之间的连接剂，通过层层组装的方法制备了$(Hb/CMK\text{-}3)_n$多层膜[289]。修饰层（n）达到六层之前，随着层数的增加，Hb 的氧化还原信号也在增加，这就意味着多层固载 Hb 参与了直接电子转移。当 n=6 的时候，峰电流最大。层数继续增长后，电流逐渐趋于平稳。另外，$(Hb/CMK\text{-}3)_6$ 电极对氧气具有良好的催化效果，其催化能力比固载于二氧化钛多层膜的 Hb 还要好[290]。孙威等使用介孔碳作为葡糖氧化酶的载体并混合离子液体，制备新型碳糊电极。固载葡糖氧化酶表现出良好的直接电子转移信号，且对葡萄糖具有灵敏的响应和较低的米氏常数。该研究者同时也强调该方法具有一定的普适性，可以固载其他氧化还原蛋白质用于第三代电化学生物传感器中的研究[291]。磁性介孔碳因其既具有介孔结构可以固载酶的优点同时也具有磁性的易分离特性，因此受到了研究者们的关注[292, 293]。于晶晶首次利用磁性介孔碳固载葡糖氧化酶实现了酶的直接电化学[292]。

吴寿等报道了关于使用介孔二氧化硅—碳泡沫复合材料（MSCF）固载蛋白质用于第三代电化学生物传感的研究[294]。MSCF 具有 4 nm 的孔道，内部通过更细小的瓶颈通道相连接。使用交流阻抗技术进行表征发现 MSCF 拥有类似单壁碳纳米管和多壁碳纳米管的良好导电性，这是由于碳掺杂于硅介孔结构中所引起的。研究发现，MSCF 结合了介孔碳的生物相容性和介孔二氧化硅材料的亲水性。固载于介孔硅—碳中的葡糖氧化酶中心 $FAD/FADH_2$（FAD：黄素腺嘌呤二核苷酸）表现出良好的直接电子转移信号，对葡萄糖的响应具有检测范围宽、稳定性强和选择性好等特点。在空气饱和的条件下，该电极对葡萄糖的检测范围达到为 0.05～5.0 mM，大于氧敏葡萄糖生物传感器的所能检测的极限 2 mM[295]。

除了介孔碳和介孔硅—碳，有些金属氧化物介孔材料也在制造第三代电化学生物传感器方面吸引了人们的关注。目前能够固载并实现蛋白质直接电化学的介孔金属氧化物主要有：二氧化钛[296]、Nb_2O_5[297]、Al_2O_3[298]、氧化铟锡[299]、ZrO_2[300]、ZnO[301]等。Marken 组将 Hb[290]和 Cyt-C 固载于二氧化钛自组装层状膜中获得了蛋白质的直接电子转移[302, 303]。随着膜厚的增加，Cyt-C 的直接电化学响应增强。固载于二氧化钛膜中的 Hb 也表现出同样的直接电化学信号，通过动力学分析，膜中的电子转移属于有限扩散模式。该研究表明，二氧化钛介孔空间为蛋白质提供了适宜环境，有利于蛋白质的直接电子转移，而且随着膜厚的增加，不仅仅是电极表面的蛋白质参与了直接电子转移。除此之外，实验证明，钨的介孔氧化物和介孔 Nb_2O_5 也都可以实现蛋白质的直接电子转移[297, 304]，制备得到的 Hb/WO_3 和 HRP/Nb_2O_5 电极对 NO_2^- 和 H_2O_2 具有良好的检测性能。Astuti 等报道了伴随质子参与的黄素氧化还原蛋白（Fld）的光谱电化学研究，发现 Fld 能够在介孔二氧化锡电极发生直接电子转移[305]。Frasca 等研究者使用透明的介孔化铟锡（ITO 电极）固载 Cyt-C，在光谱检测的同时进行了电化学检测并获得了 Cyt-C 在电极表面的直接电子转移，固载的 Cyt-C 能够催化 O_2^-。该研究结合了电极表面氧化物的介孔结构特征及材质透明的特点，展现了该类透明氧化物材料在催化体系研究中的魅力，为构建其他过氧化物检测体系提供了一种新方法[299]。

总之，无机非金属介孔材料是固载蛋白质构建第三代电化学生物传感器的适宜材料，具有生物相容性好、蛋白质固载量高、孔径可调、机械性能稳定等优点。随着材料合成技术的发展，多种新型介孔材料的出现将丰富固载蛋白质的种类，为深入研究介孔孔道结构、孔径与第三代电化学生物传感器性能之间的关系提供了模型，为改善其敏感度、扩大其检测范围提供了美好前景。

5.2.4 介孔材料在酶电化学生物传感器中的研究实例一

下面以基于价键固载的肌红蛋白—大孔径泡沫硅复合材料的制备及直接电化学研究为例，来介绍介孔材料在酶电化学生物传感器中的研究。

（一）引言

生物体系中氧化还原蛋白质的直接电子转移是生物化学和生物物理科学中一个重要的研究领域并吸引了越来越多的人的注意[306-308]，它对研究生物体系中的酶催化反应、酶结构、酶氧化还原转换机制、新陈代谢过程等有很大的作用。但是由于氧化还原蛋白质的电子传输中心被很深地包埋在封闭的缩氨酸骨架中，致使其直接电子转移并不容易发生，所以如何促进氧化还原蛋白质的直接电子转移就成为科学家们越来越关心的课题。目前的研究表明，将氧化还原蛋白质固定于合适的、具有良好生物相容性的材料中能够促进其直接电子转移[309]。

无机多孔材料由于具有物理刚性、化学惰性、可忽略的溶胀性和对光、化学、热与生物降解的高稳定性，因此在生物传感器的研制中愈来愈受重视。聚合物[310-312]、溶胶凝胶[309, 313]、硅基介孔材料[288, 309]等无机多孔材料已被用于蛋白质固定和直接电化学研究。其中硅基介孔材料因其具有大的比表面积，规则的孔结构以及选择性、吸附性等独特的性质而引起了人们的关注。目前使用硅基介孔材料固载蛋白质的研究大部分集中于生物催化领域[314, 315]。以 MCM-41[316-318]和 SBA-15[319, 320]

等硅基介孔材料为载体组装蛋白质或酶用于催化和生物传感器研究是近年来研究的热点。固载在硅基介孔材料中的蛋白质具有较好的催化性质而且易回收，可重复使用，稳定性也得到了很大的提高。然而硅基介孔材料的孔径尺寸通常受到胶束模板尺寸大小的限制，其孔径尺寸往往很小。到目前为止，有序硅基介孔材料的最大孔径尺寸只有 10 nm[282]。由于受到孔径尺寸的限制，介孔硅通常只能用于固载尺寸较小的生物分子，不适于固载大的生物分子以及不利于物质的传输。所以开发固载生物大分子的大孔径的硅基介孔材料是非常必要的，一方面能为蛋白质的固载提供足够的空间，另一方面也能减少物质传输的阻力，从而促进蛋白质的催化反应。泡沫硅介孔材料（MCFs）是一种具有超大介孔和三维热稳定性的新型介孔材料[321-323]。这种介孔材料的孔径较大，孔分布很窄，晶胞之间通过窗口相连接。其结构与气凝胶相类似，但 MCFs 具有容易合成、孔结构规整、孔径可调、孔壁厚和热稳定性好的优点，因而是一种很好的蛋白质固载载体。

为了构筑稳定长效的生物传感器，蛋白质的固定方法是一个需要考虑的重要因素。目前，基于介孔材料的电化学生物传感器大多采用物理吸附的方法固载蛋白质。这种方法尽管操作简便、反应条件温和，但由于蛋白质与载体结合力不强造成蛋白质在重复使用中不断脱落而随溶液逐渐流失，导致固载蛋白的活性和稳定性降低，进而影响了传感器的稳定性[324]。对于大孔径的介孔硅负载材料，物理吸附所固载的蛋白质流失更为严重。因此为了构筑稳定的介孔材料基的生物传感器，必须选择合适的蛋白固载方法。价键固载的方法是利用蛋白质分子上的活性基团和介孔表面上的反应基团之间形成共价连接的固载方法[325]。与物理吸附方法相比较，价键固载的方法不仅能够保持蛋白质的生物活性和催化性能，而且还能有效地防止蛋白质的流失。

在本文中，我们利用无机合成及有机修饰的方法制备了胺基化的 MCFs 材料，并利用戊二醛的交联反应将肌红蛋白价键固载在 MCFs 载体中形成 Mb-MCFs 复合材料。这种固载方法不仅保持了蛋白质的活性而且有效地防止了蛋白质的泄漏。此外，我们利用 Mb-MCFs 和 Nafion 杂化膜构筑了修饰电极，并成功实现了 Mb 在电极表面的直接电子转移。Nafion 是一种具有质子导电性的全氟磺酸线性聚合物。由于其极好的成膜能力和好的生物相容性，Nafion 常被用作酶和蛋白质的固定基底。循环伏安实验结果表明固载于 MCFs/Nafion 杂化膜中的 Mb 能够实现直接电子转移，而且对 H_2O_2 表现出较好的电化学催化性质，例如较宽的检测范围、较低的检测限和较高的灵敏度。此外，由于介孔结构对固载的 Mb 的保护作用，Mb-MCFs/Nafion/GC 电极具有很好的热稳定性。

（二）实验部分

（1）药品与试剂

肌红蛋白（Mb，17800）购于北京世纪华林生物工程公司。盐酸、H_2O_2 溶液（30%）、1，3，5-三甲基苯（TMB）、正硅酸乙酯（TEOS）等试剂均购于北京试剂化工厂。嵌段共聚物 P123、3-胺丙基三甲氧基硅烷化试剂（APTMS）、戊二醛（GA）购于美国 Sigma 公司。所用试剂均为分析纯试剂且使用前未经提纯。所有溶液均用二次蒸馏水（18 MΩ，Millipore 公司）配制。

（2）MCFs 的制备

泡沫硅介孔材料（MCFs）是根据文献在利用酸性条件下以 P123 为模板剂，以 TMB 为有机扩孔剂制备的[326]。具体地说，室温条件下将 P123（2.0 g, 0.4 mmol）加入到 1.6 M HCl（75 mL, 120 mmol HCl）中。搅拌半小时后，加入 TMB（2.0 g, 17 mmol）。继续搅拌 65 分钟后，加入 TEOS（4.4 g, 21 mmol），并将此混合液在 37～40 ℃下搅拌 20 小时后转移到水热釜中，在 100 ℃下陈化 24 小时。最后待反应液完全冷却后过滤生成固体，并用大量的水和乙醇洗涤，然后将固体在室温下干燥。干燥后的固体在空气流存在下于 600 ℃下加热 20 小时以除去模板，最终得到 MCFs。

（3）胺基修饰化的 MCFs 的制备

将 1.0 g 除去模板剂的 MCFs，5 mL APTMS 加入到 30 mL 干燥后的甲苯溶液中，在 N_2 保护下回流 24 小时。待反应液冷却后过滤白色沉淀，并用大量甲苯和丙酮洗涤，最后在真空条件下干燥制得胺基修饰化的 MCFs 材料。

（4）醛基修饰化的 MCFs 的制备

向 20 mL 戊二醛溶液（2%）溶液中加入 0.5 g 胺基修饰化的 MCFs，超声半小时后在 4 ℃下静置 24 小时。将混合物离心并用水洗涤三次除去未反应的戊二醛，然后室温干燥得醛基修饰化的 MCFs[322]。

（5）价键固载和物理吸附的 Mb-MCFs 的制备

将 MCFs 和醛基修饰化的 MCFs 各 10 mg 分散于 Mb（2 mg/mL, pH 6.5）溶液中，超声 10 分钟后 4 ℃下静置 24 小时。然后将混合液分别离心，并用 pH 6.5 的

PBS 缓冲液洗涤三次，最后经室温干燥得价键固载和物理吸附的 Mb-MCFs 复合材料。

（6）价键固载和物理吸附的 Mb-MCFs 的蛋白质流失量的测定

将价键固载和物理吸附的 Mb-MCFs 各 5 mg 分别分散在 5 mL 磷酸缓冲溶液中（pH=7.0），并在室温条件下搅拌 24 小时。然后将混合液离心，取上清夜检测 407 nm 的紫外吸收。

（7）Mb-MCFs/Nafion/GC 修饰电极的制备

在制备修饰电极之前，先将玻碳电极（直径为 3 mm）用 1 μm、0.3 μm、0.05 μm 的 $A1_3O_2$ 抛光粉依次抛光，然后分别在稀硝酸、丙酮和二次水中超声清洗各 1 min，反复三次，最后将电极置于空气中干燥。

将 3 mg 价键固载的 Mb-MCFs 复合材料分散于 1 mL 的 PBS 缓冲溶液中（0.1 M，pH=6.5）中。然后各取 5 μL Mb-MCFs 悬浮液滴涂于预处理后的电极表面并室温干燥。随后在电极表面滴涂 Nafion（5%, 10 μL）以固载电极表面的 Mb-MCFs。电极在 4 ℃下隔夜干燥，即得到 Mb-MCFs/Nafion/GC 修饰电极。

（8）仪器

电化学实验在 CHI630B 电化学工作站上进行。所有实验均采用三电极体系，以玻碳电极或玻碳修饰电极为工作电极，Ag/AgCl（饱和氯化钾）电极为参比电极，铂电极为对电极。电化学测试在室温下进行。非特殊说明，在电解池中的溶液实验前均需通入高纯度的氮气除氧 15 分钟以上，并在实验过程中仍维持氮气气氛。紫外—可见吸收光谱实验在 UV-Vis spectrophotometer UV-2100S 紫外—可见分光光度仪上进行。透射电镜（TEM）实验采用 JEOL 200CX 透射电子显微镜，测试电压在 50 kV 下测量。氮气吸附/脱附实验使用 ASAP-2010C 吸附仪进行检测，比表面积采用 BET 方法，孔分布采用 BJH 方法计算。

（三）结果与讨论

（1）MCFs 的形貌表征

MCFs 的形貌如图 5-28 所示。

MCFs 是一种具有超大介孔和三维热稳定性的新型硅基介孔材料。与 SBA-15 及 MCM-41 等有序介孔材料相比，MCFs 呈现出错乱的介孔形态，晶胞之间通过窗口相连接，与气凝胶的结构相类似[327]。由图 5-28 可以看到，MCFs 的介孔尺寸较大且孔分布很窄，大约分布在 25～34 nm；介孔的孔壁较薄，大约在 2.5～4 nm。通过对 MCFs 的形貌考察，我们可以看出，它是一种很好的固载生物大分子的材料，因为它具有的大尺寸孔径能够为固载的生物分子提供足够的空间，同时开放的三维大孔体系也利于物质的传输。

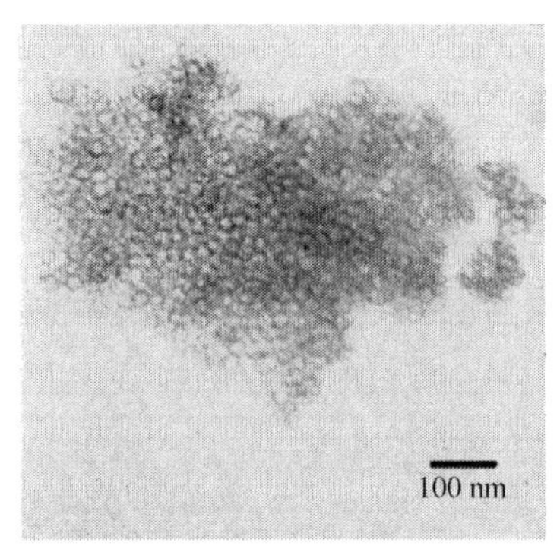

图 5-28　MCFs 的 TEM 图

（2）Mb-MCFs 复合材料的组装及光谱表征

Mb-MCFs 复合材料是通过多步有机修饰化的方法制备的，其合成示意图如图 5-29 所示。首先，我们对 MCFs 进行胺基化的有机修饰。由于 MCFs 介孔硅材

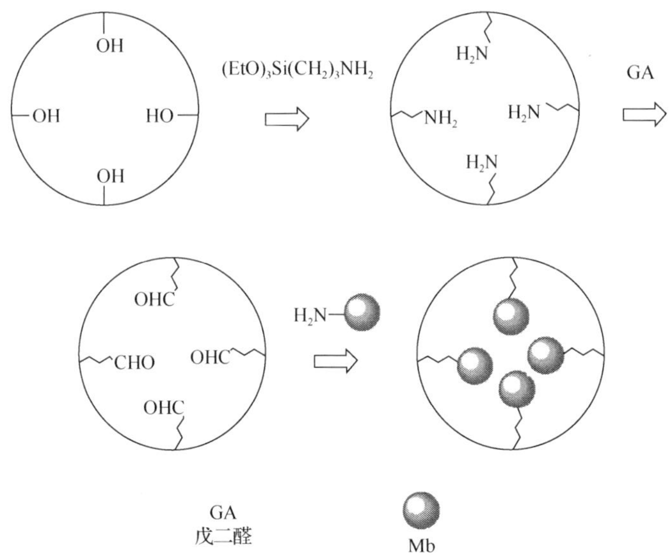

图 5-29　Mb 价键固载于 MCFs 介孔孔道的示意图

料的表面富含大量的羟基，因此在长时间无水无氧甲苯溶液中回流的条件下，APTMS 可以与 MCFs 表面的羟基反应从而使其表面胺基化。然后，MCFs 表面的胺基进一步与戊二醛反应。戊二醛是一种同型双功能交联剂，其两个醛基可以分别与两个相同或者不同的分子上的伯胺基生成 Schiff 碱将两个分子连接起来[328]。因此 MCFs 上的胺基与戊二醛的反应使得 MCFs 表面的胺基转化为醛基。最后基于相同的交联反应原理，修饰在 MCFs 上的醛基与 Mb 表面游离的胺基反应生成 Schiff 碱结构，从而将 Mb 价键固载在 MCFs 的表面[282]。

Mb 的固载过程可以通过 Mb-MCFs 复合物组装前后的 N_2 吸附—脱附等温曲线的变化来验证。图 5-30 是胺基修饰的 MCFs 及 Mb-MCFs 复合物的 N_2 吸附—脱附等温曲线。通过曲线 a，我们可以看到胺基修饰的 MCFs 呈现出 IUPAC 分类中的Ⅳ型吸附等温线以及 H_1 型滞留回线，为典型的介孔结构吸附特征，说明了 MCFs 在表面修饰了胺基后仍然保持了较好的介孔结构。当 Mb 与氨基化的 MCFs 交联后，MCFs 的孔体积减少了 37.6%，说明了 Mb 被价键固载到了 MCFs 介孔材料的孔道内部。

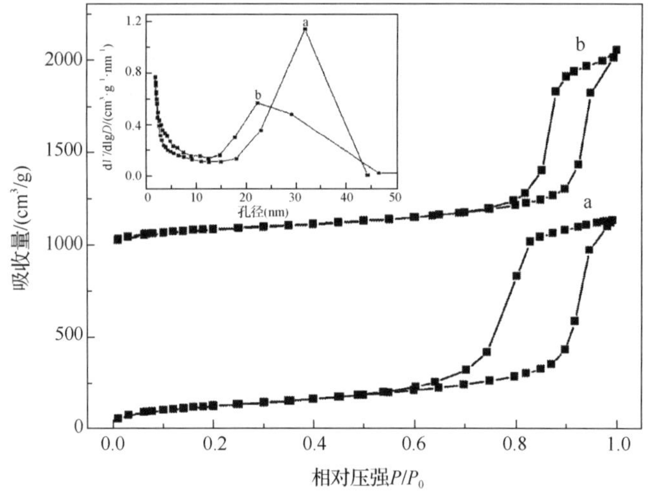

图 5-30　胺基化的 MCFs（a）和 Mb-MCFs（b）的等温吸附线

内插图为胺基化的 MCFs（a）和 Mb-MCFs（b）的孔径分布图

我们通过光谱方法对价键固载的 Mb-MCFs 进行了表征。紫外—可见光谱法是一种表征蛋白质特征结构的非常灵敏的方法，特别是对血红素辅基附近蛋白质的构象变化非常敏感。如果蛋白质发生变性，Soret 吸收将会偏离甚至会消失。图 5-31 是 Mb（a）和 Mb-MCFs（b）在水溶液中的紫外—可见吸收光谱。从图中可以看到，天然的 Mb 水溶液和 Mb-MCFs 复合物的 Soret 吸收带均位于 407 nm（曲线 a 和 b），这证明 Mb 价键固载在 MCFs 介孔中后仍然基本保持了其原始构象。

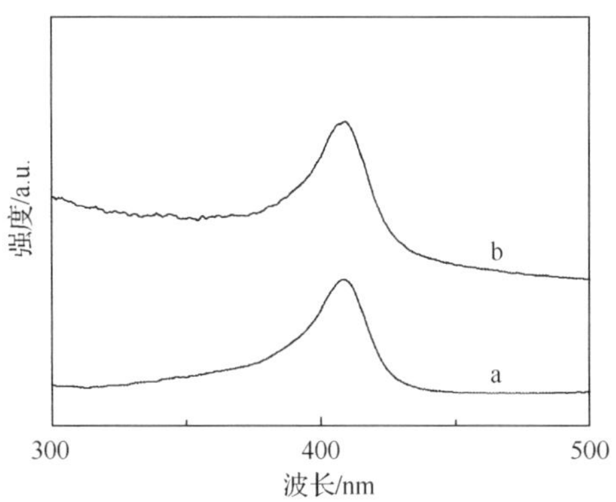

图 5-31　Mb（a）和 Mb-MCFs（b）的紫外—可见吸收谱图

傅里叶变换红外光谱（FTIR）是一种表征蛋白质二级结构的一种非常有效的方法。蛋白质的特征胺 I 和胺 II 带提供了关于多肽链二级结构的详细信息。胺 I 带（1700～1600 cm^{-1}）是由蛋白质骨架上的 C═O 伸缩震动引起的，胺 II 带（1620～1500 cm^{-1}）是由 N—H 弯曲震动和 C—N 伸缩震动共同引起的。本实验中，我们利用傅里叶变换红外光谱对 Mb-MCFs 进行了检测。图 5-32 分别为胺基修饰的 MCFs，Mb-MCFs 以及 Mb 的傅里叶变换红外光谱图。从图中可以看到，曲线 a 中胺基修饰的 MCFs 在 1089 cm^{-1}，809 cm^{-1}，1505 cm^{-1} 和 1625 cm^{-1} 处有特征吸收。1089 cm^{-1} 和 809 cm^{-1} 处的特征吸收是由于 Si 基团上键的对称和不对称伸缩振动造成的，而 1505 cm^{-1} 和 1625 cm^{-1} 处的特征吸收则是由于-NH_3^+基团上的对称弯曲振动造成的，证明了胺基被成功的修饰在 MCFs 基底上。由曲线 c 可以看到 Mb 在 1650 cm^{-1} 和 1550 cm^{-1} 处有吸收峰，分别对应于胺 I 和胺 II 的吸收带。曲线 b 中，Mb-MCFs 的红外吸收谱图则明显包含了以上几种物质的特征吸收，其中，1655 cm^{-1} 和 1540 cm^{-1} 处的特征吸收峰对应于固载在 MCFs 复合物中 Mb 的胺 I 和胺 II 特征吸收，与天然的 Mb 的红外吸收相比没有明显的位移，这说明 Mb-MCFs 复合物中的 Mb 保持其固有的二级结构的本质特征。

从紫外—可见和傅里叶变换红外光谱的表征可以看出，Mb 在价键固载在 MCFs 载体中后能够很好地保持其固有的二级结构，一方面说明了 MCFs 较好的生物相容性，另一方面也验证了价键固载蛋白质的可行性，这对于构筑生物传感器的构造是非常有利的。

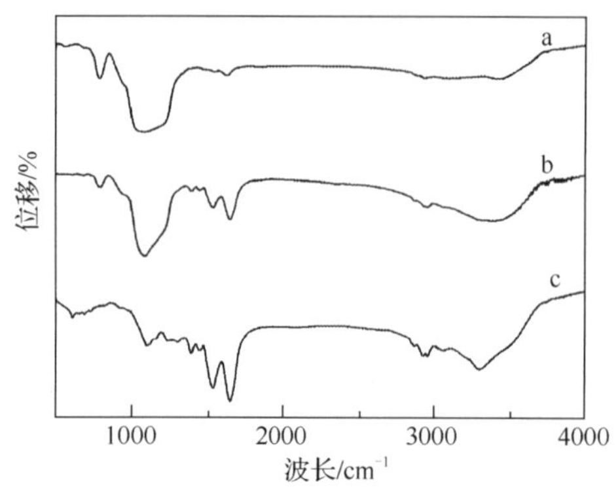

图 5-32　胺基修饰后的 MCFs（a），Mb-MCFs（b）和 Mb（c）的 FTIR 图

（3）物理吸附及价键固载制备的 Mb-MCFs 的稳定性

由于蛋白质和载体之间的相互作用力的差别，通过物理吸附和价键固载两种蛋白质固载方法在蛋白质固载量及稳定性上差别较大。这里，我们对这两种方法进行了对比。

我们用紫外—可见光谱对 MCFs 吸附前后的 Mb 溶液进行了检测，并通过 Mb 在 407 nm 处的紫外吸收的降低值来确定 Mb 利用价键和物理吸附两种方法在 MCFs 材料中的固载量。比较蛋白质固载前后的浓度差别，我们确定物理吸附和价键连接的固载量分别是 70 mg/g 和 82 mg/g。通过对比，价键固载方法的蛋白质固载量要明显高于物理吸附方法的固载量。我们推测这与蛋白质和载体的相互作用力的差别有关。在物理吸附的方法中，蛋白质与 MCFs 表面的羟基相互作用力较弱，因此吸附量少；而价键固载的方法是通过戊二醛为交联剂使得蛋白质与 MCFs 共价交联，因此固载量较大。

利用紫外—可见光谱我们对两种方法制备的 Mb-MCFs 复合材料的稳定性进行了考察。图 5-33 是不同方法制备的 Mb-MCFs 经过 24 小时搅拌后上清液的紫外—可见光谱。经过长时间搅拌，价键固载的 Mb-MCFs 的上清液在 407 nm 处没有吸收，说明了价键固载的 Mb-MCFs 稳定性很好，没有蛋白质的流失。而物理吸附制备的 Mb-MCFs 的上清液在 407 nm 处有明显的吸收，对应 Mb 的 Soret 吸收带，说明在长时间搅拌的情况下物理吸附制备的 Mb-MCFs 稳定性不好，存在蛋白质的流失。这主要是因为 Mb 与 MCFs 载体间的相互作用力中，物理吸附的作用力要远小于价键连接的作用力。此外，Mb 的分子尺寸远小于 MCFs 的介孔孔道尺寸，从而使蛋白质更易流失。通过紫外检测，物理吸附法制备的 Mb-MCFs 的 Mb 流失量约为 27.3%。

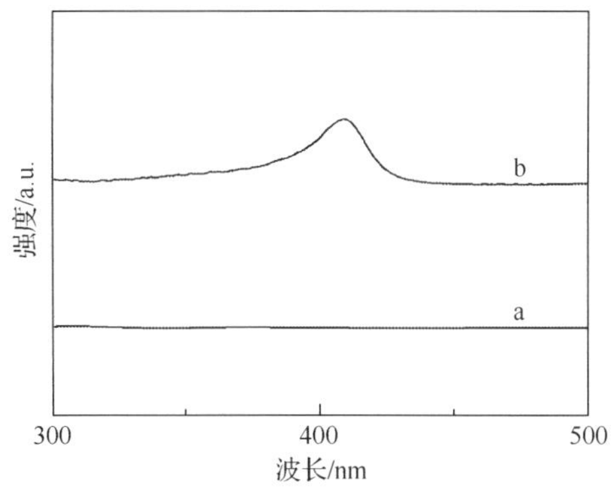

图 5-33 搅拌 24 小时后，价键固载（a）和物理吸附（b）的 Mb-MCFs 上清液的紫外—可见光谱吸收图

（4）Mb-MCFs 基化学修饰电极的构筑及条件优化

由于其极好的成膜能力和较好的生物相容性，Nafion 已被广泛用作酶和蛋白质的固定基底。以往的研究表明，通过将介孔材料与一些成膜性较好的聚合物复合作为酶的固定基底，可以进一步改善基底在电极表面的黏结性，从而大大提高修饰电极的稳定性。我们在控制实验中的研究结果也很好地证明了这一点。在对比实验中，我们首先研究了不含 Nafion 的 Mb-MCFs 复合膜，结果发现 Mb-MCFs 会部分地从电极表面脱落，所以不含 Nafion 的 Mb-MCFs 复合膜在电极表面不够稳定，不能用于构造修饰电极。而含有 Nafion 的 Mb-MCFs/Nafion 复合膜修饰的电极却非常稳定，不会发生膜的脱落，因此 Nafion 对于构筑稳定的 Mb-MCFs 修饰电极是至关重要的，这可能与 Nafion 在电极表面良好的黏结性和成膜能力有关。为了得到修饰电极良好的循环伏安响应信号同时又保证其稳定性，我们利用 Mb-MCFs/Nafion 复合膜来构筑修饰电极。

（5）Mb-QDs/Nafion/GC 修饰电极的直接电化学性质表征

图 5-34 表示 MCFs/Nafion/GC（a）和 Mb-MCFs/Nafion/GC（b）电极在除氧条件下，在 0.1M PBS（pH＝7.0）缓冲溶液中，扫速为 200 mV · s^{-1} 扫描得到的循环伏安图。从图中我们可以看到，在 MCFs/Nafion/GC 电极上没有出现明显的氧化还原峰，说明 MCFs 在该电位范围内是非电化学活性的（曲线 a）。而 Mb-MCFs/Nafion/GC 电极在相同的扫描电位范围内具有明显的氧化还原峰（曲线 b），式量电位 $E_{1/2}$ 为−0.33 V（*vs.* Ag/AgCl），对应于 Mb 在电极上的特征氧化还原反应（Mb-Fe^{III}/Fe^{II}）[329]。此外，在扫速 200 mV · s^{-1} 下，该对峰的峰电位差为 30 mV，阴极峰电流（I_{pc}）与阳极峰电流（I_{pa}）的比值接近 1 : 1，说明该电极反应为

快速的电子传递过程并且具有良好的可逆性[275]。因此，Mb-MCFs/Nafion 复合膜能促进蛋白质分子与电极表面的直接电子传递，这可能和 MCFs 的良好生物相容性有关。介孔载体为蛋白质提供了一个适宜的微环境，从而使蛋白质产生适宜的取向。

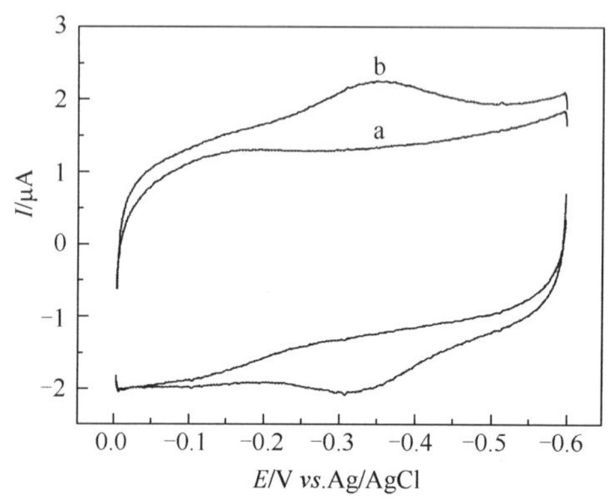

图 5-34　不同修饰电极在 pH 7.0 PBS 中 200 mV · s^{-1} 扫速下的典型循环伏安图

（a）MCFs/Nafion/GC；（b）Mb-MCFs/Nafion/GC

图 5-35 为 Mb-MCFs/Nafion/GC 电极在不同扫速条件下的循环伏安图，从图中看到氧化还原峰的峰电流均随扫速的增加而增加，且峰电流与扫速（50～1000 mV · s^{-1}）成良好的线性关系，不同扫速下积分还原峰得到基本相同的电量值，这些都说明 Mb-MCFs/Nafion/GC 电极上的电子转移过程为表面控制过程[330]，即当电位正向扫描过阴极还原峰电位时，Mb-MCFs 复合物中的具有电化学活性的 Mb-Fe^{III}全部还原成 Mb-Fe^{II}；而当逆向扫描时，Mb-Fe^{II}又全部转换成 Mb-Fe^{III}。

根据公式 $Q = nFA\Gamma^*$，可以由积分循环伏安还原峰的峰面积得到的电量来估算电极表面电化学活性 Mb 的表面覆盖度。这里，Γ^*：表面覆盖量（mol · cm^{-2}）；Q：反应消耗的电量；n：电子转移数，这里取 1；A：电极面积（这里使用 GC 电极的几何面积，0.07 cm^2）。由此公式，可求出 Mb-MCFs/Nafion/GC 电极上电化学活性 Mb 的表面覆盖度为 1.12×10^{-9} mol · cm^{-2}。由于 Mb 的最大理论表面单层覆盖度约为 3.4×10^{-11} mol · cm^{-2}，可知 Mb-MCFs/GC 电极上电化学活性 Mb 的表面覆盖度约为最大理论单层覆盖度的 30 多倍，这说明在 Mb-MCFs/Nafion 电极复合膜内，有多层 Mb 参与了电极反应，这与 MCFs 的多孔结构具有较大的比表面积和价键固载提供了较高的 Mb 固载量有关。

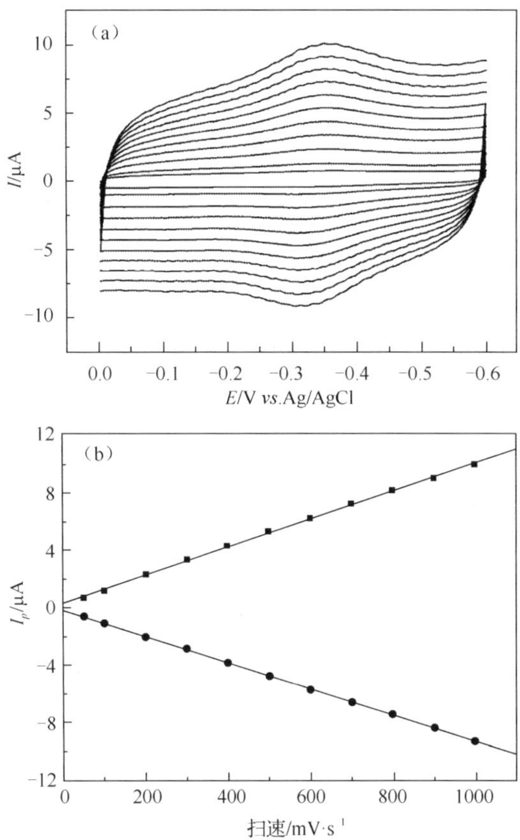

图 5-35 （a）Mb-MCFs/Nafion/GC 电极在 pH 7.0 的 PBS 中从 50 mV · s^{-1} 到 1000 mV · s^{-1} 扫速的循环伏安图；（b）阴极和阳极峰电流相对于扫速的校正曲线

（6）Mb-MCFs/Nafion/GC 修饰电极的电催化性质表征

为了考察固载于Mb-MCFs/Nafion/GC 电极中的Mb 对 H_2O_2 的电化学催化活性，我们研究了 Mb-MCFs/Nafion/GC 电极对 H_2O_2 的电化学催化性质[331]。图 5-36（a）为 Mb-MCFs/Nafion/GC 电极对 H_2O_2 的电催化还原循环伏安图。如图所示，在 pH 7.0 的除氧 PBS 缓冲溶液中，加入 H_2O_2 的条件下，可以观察到 Mb-MCFs/Nafion/GC 电极在−0.33 V 处的循环伏安还原峰大大增加，并伴随着 Mb-Fe^{II}的氧化峰的逐渐消失，其原因是 Mb 中的 Fe^{II}与 H_2O_2 发生了快速的化学反应将 Mb-Fe^{II}转化成 Mb-Fe^{III}。这说明固载在 Mb-MCFs 复合物中的 Mb 仍然保持了它的生物活性，能够实现对 H_2O_2 的催化。

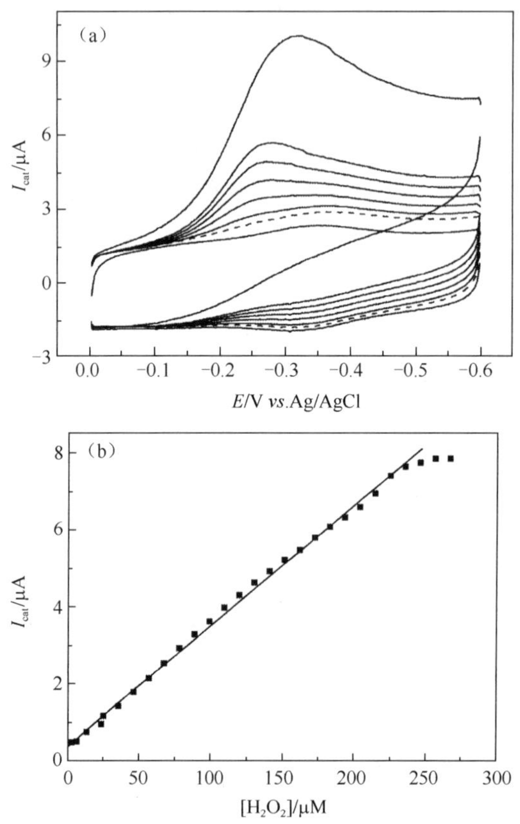

图 5-36　Mb-MCFs/Nafion/GC 电极在 pH 7.0 PBS 中 100 mV · s^{-1} 扫速下对 H_2O_2 的电催化曲线（a）及稳态电流对过氧化氢浓度的校正曲线（b）

图 5-36（b）是 Mb-MCFs/Nafion/GC 电极的催化电流和 H_2O_2 浓度之间的关系曲线。从图上我们可以看到，催化还原电流与 H_2O_2 浓度在 3.5～236 μM 范围内呈线性关系，根据 3 倍于噪声信号计算，最低检测限为 1.2 μM（S/N=3）。根据直线部分的斜率，计算得到 Mb-MCFs/Nafion/GC 电极对 H_2O_2 的催化灵敏度为 7.0 mA · cm^{-2} · M^{-1}。因此 Mb-MCFs/Nafion/GC 电极具有较宽的线性范围，较低的检测限[331-334]。综上所述，价键固载于 MCFs 介孔载体上的 Mb 保持了其固有的活性并表现出了良好的电化学催化性能，我们推断这与 MCFs 大的比表面积、开放的三维空间结构及良好的生物相容性有关。

（7）Mb-MCFs/Nafion/GC 修饰电极的热稳定性

无机介孔材料因其化学稳定性好、热稳定性高，所以是优良的生物分子载体，而且它们能够对固载的生物分子提供一定的保护作用。在本实验中，我们研究了在高温条件下 MCFs 对固载于孔道中的 Mb 的保护作用。

温度是影响蛋白质活性的一个重要指标。已有研究表明将蛋白质固载于介孔结构中，不仅能够提高蛋白质的反应活性，而且能够提高蛋白质的热稳定性[14]。在本实验中，我们在不同温度条件影响下，研究了 Mb-MCFs/Nafion/GC 电极对 30 M H_2O_2 催化性能的影响。

Mb-MCFs/Nafion/GC 电极在检测 30 M H_2O_2 前，先在指定的温度下于 0.1 M PBS 缓冲溶液中（pH=7.0）加热 20 分钟。用加热前后测定的催化电流的比值表示价键固载 Mb 的剩余活性。图 5-37 为 Mb-MCFs/Nafion/GC 电极经过热处理后嵌入 Mb 剩余活性与温度之间的关系曲线。

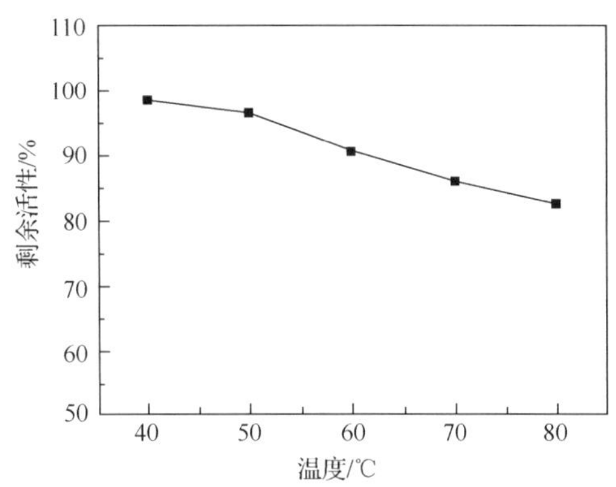

图 5-37 不同温度下 Mb-MCFs/Nafion/GC 电极剩余活性的热稳定性图

从图中我们可以看出，Mb-MCFs/Nafion/GC 电极分别在 40 ℃，50 ℃，60 ℃经过 20 分钟的热处理后，活性降低较少，甚至在 80 ℃下加热 20 分钟后，固载的 Mb 仍然保持了 82.5%的原始活性。天然 Mb 在 80 ℃下加热 5 分钟后只会保留其 50%的原始活性[335]。相比之下，通过将 Mb 价键固载于 MCFs 载体中，Mb 的热稳性得到了很大的提高，这可能是因为 MCFs 的介孔结构很好地保持了 Mb 的微环境及构象，使其受到外界的干扰很小。

（8）Mb-MCFs/Nafion/GC 修饰电极的重复性和稳定性表征

我们通过循环伏安法对 Mb-MCFs/Nafion/GC 修饰电极的重复性进行了研究。首先同一个修饰电极对 50 μM H_2O_2 的连续六次测量的相对标准偏差是 2.6%。此外，我们制备了六个相同的 Mb-MCFs/Nafion/GC 修饰电极并将制得电极用于测定 100 μM H_2O_2。实验结果表明催化电流的相对标准偏差为 3.1%，这说明 Mb-MCFs/Nafion/GC 修饰电极重复性很好。

Mb-MCFs/Nafion/GC 修饰电极的稳定性首先通过比较 Mb 的循环伏安峰电流进行了研究。Mb-MCFs/Nafion/GC 修饰电极浸泡在 pH 7.0 的 PBS 缓冲溶液中每隔四小时记录一次峰电流值，研究发现在经过四小时的浸泡之后，阴极峰电流的下降小于 2.0%，说明修饰电极在磷酸缓冲液中非常稳定，归因于价键固载这种稳定的固载方式。此外，我们考察了存储时间对 Mb-MCFs/Nafion/GC 电极稳定性的影响。Mb-MCFs/Nafion/GC 修饰电极在不使用的时候将它干燥后密封放在 4 ℃的冰箱中，经过 20 天的存放后，Mb-MCFs/Nafion/GC 修饰电极仍能保持 95%的初始响应电流值，显示了很好的长期稳定性。这种好的长期稳定性可能主要得益于蛋白质固载载体 MCFs 的良好生物相容性，MCFs 能够为 Mb 保持其生物活性提供一个有利的微环境。

5.2.5 介孔材料在酶电化学生物传感器中的研究实例二

下面以基于双孔径介孔硅/壳聚糖有机无机杂化膜的血红蛋白固定及其直接电化学研究为例，来介绍介孔材料在酶电化学生物传感器中的研究。

（一）引言

通过本书前期论述，我们知道，研究氧化还原蛋白质与电极之间直接电子传递过程对理解和认识生命体内的电子转移机制和生理作用具有重要意义，寻找合适的材料来固载氧化还原蛋白质有利于促进固载蛋白质的直接电子转移。目前的研究表明，选择特殊的电极材料固载天然氧化还原蛋白能够促进蛋白质分子在电极上实现直接电子转移。所以开发常规的、稳定的材料用于固载氧化还原蛋白质促进其直接电子转移是非常必要的。

近年来的研究表明，大尺寸孔径的介孔硅由于其孔径尺寸特征，增加了对不同尺寸蛋白质的选择性，为后续介孔材料的化学修饰提供了更大的可利用空间，为增加介孔材料的功能性提供了更多可能。因此利用大孔径的介孔硅负载生物大分子制备复合材料的相关研究受到了研究者们的广泛关注。例如，泡沫硅是一种大孔径的介孔硅，它的孔直径大约为 33.5 nm。用 MCF 作载体固载葡糖氧化酶（5.2 nm×6.0 nm×7.7 nm）应用于生物催化，相对于同样条件下，使用 SBA-15（孔直径约为 5～6 nm)作载体，其催化效果更好[324]。

双孔径介孔硅（BMS）也是一种大孔径介孔硅[336]。它拥有三维的无序的孔结构，孔的直径分别集中分布于大小两个尺寸范围内。小孔的直径分布在 2～3 nm 范围内，大孔的直径分布在 10～40 nm 范围内。相对于常规的蛋白质尺寸，BMS

的大孔孔径已足够大，不仅能够提供给蛋白质足够的空间，而且比普通的介孔硅更适合于固载大尺寸的蛋白质[337]。此外，BMS 中的小孔尺寸只有 2～3 nm，不能为蛋白质的固载提供足够的空间，但是它能够为小分子的物质传输提供通道以减少物质传输的阻力。

在本工作中，我们使用 BMS 和壳聚糖杂化膜固载血红蛋白（Hb）制备了修饰电极，并成功实现了 Hb 在电极表面的直接电子转移。循环伏安实验结果表明固载于 BMS/CS 杂化膜中的 Hb 对 H_2O_2 表现出很好的电化学催化性质。与 Hb 直接固载于壳聚糖膜内的电极（Hb/CS）相比，Hb/BMS/CS 电极对 H_2O_2 的检测范围更宽、检测限更低、灵敏度更高。根据以上结果，我们推断 Hb/BMS/CS 电极对 H_2O_2 良好的催化性能与 BMS 的双孔径结构有关。BMS 和壳聚糖杂化膜是一种很好的固载氧化还原蛋白质的新材料，BMS 的大孔结构为氧化还原蛋白质提供了高固载量和适宜的微环境，同时 BMS 的小孔结构的存在为物质的传输提供了"传输通道"[338]。

（二）实验部分

（1）药品与试剂

牛血红蛋白(Hb，MW，64500)购于北京世纪华林生物工程公司。壳聚糖(蟹壳聚糖，脱乙酰度>85%）和十六烷基三甲基溴化铵（CTAB）购于美国 Sigma 公司，将 1 g 壳聚糖溶解于 100 mL 0.05 mol/L 的醋酸溶液中制得 1.0 wt%的壳聚糖溶液。H_2O_2 溶液（30%）和偏硅酸钠（Na_2SiO_3）购于北京试剂化工厂。所用试剂均为分析纯试剂且使用前未经提纯。所有溶液均用二次蒸馏水（18 MΩ/cm，Millipore 公司）配制。

（2）双孔径介孔硅的制备

双孔径介孔硅的制备参见文献[336,337]。简单地说，就是将 19.6 g CTAB 和 10 g Na_2SiO_3 置于含有 350 mL 水的聚乙烯瓶中，在 30 ℃下加热至溶液澄清。然后，向溶液中快速加入 35 mL 乙酸乙酯并搅拌 30 s。将得到的溶液在室温下（20 ℃）陈化 5 小时。陈化后，将陈化液放入烘箱，在 90 ℃加热 50 小时。然后，在反应液仍未冷却的时候过滤生成的固体，并用大量的水和乙醇洗涤，最后将固体在室温下干燥。干燥后的固体在空气流存在下于 600 ℃下加热 20 小时以除去模板，最终得到双孔径介孔硅材料。使用 BET 和 BJH 方法对介孔硅孔的特征进行表征，相关数据如表 5-8 所示。

表 5-8　BMS 的孔径尺寸特征

样品	比表面积（m^2/g）	平均孔径（nm）	孔体积（cm^3/g）
BMS	630	2～3, 10～40	1.7

（3）修饰电极制备

在制备修饰电极之前，先将玻碳电极（直径为 3 mm）用 1.0 μm、0.3 μm、0.05 μm 的 $A1_3O_2$ 抛光粉依次抛光，然后分别在稀硝酸，丙酮和二次水中超声清洗各 1 min，反复三次，最后将电极置于空气中干燥。将 3 mg BMS 分散于 1 mL 的 0.1 mM Hb 的磷酸缓冲溶液中（0.1 M，pH 7.0）并搅拌 1 小时，制备得到固载了 Hb 的 BMS 混合物悬浮液（Hb/BMS）。取固载 Hb/BMS 悬浮液 100 μL 与同体积的 4 mg/mL 的壳聚糖溶液混合制备 Hb/BMS/CS 复合物。取 4 μL 制备好的 Hb/BMS/CS 悬浮液滴涂于预处理后的电极表面并于 4 ℃下隔夜干燥，即得到 Hb/BMS/CS 修饰电极。使用同样的方法，将 100 μL of 0.1 mM Hb PBS 水溶液与同体积的 4 mg/mL 的壳聚糖溶液混合制备 Hb/CS 胶体，取 4 μL 制备好的 Hb/CS 悬浮液滴涂于预处理后的电极表面并于 4 ℃下隔夜干燥，即得到 Hb/CS 修饰电极。

（4）仪器

电化学实验在 CHI630B 电化学工作站上进行。所有实验均采用三电极体系，以玻碳电极或玻碳修饰电极为工作电极，Ag/AgCl（饱和氯化钾）电极为参比电极，铂电极为对电极。电化学测试在室温下进行。非特殊说明，实验前，在电解池的溶液中均需通入高纯度的氮气 15 分钟以上，进行除氧，并在实验过程中仍维持氮气气氛。在进行氧气催化实验时，使用注射器将一定体积的空气注入预除氧的密闭电解池中。紫外—可见吸收光谱实验使用的是 UV-Vis spectrophotometer UV-2100S 紫外—可见分光光度仪。扫描电镜实验采用 FEI Sirion 200 扫描电子显微镜，测试电压为 10 kV。氮气吸附/脱附实验使用 ASAP-2010C 吸附仪进行检测，比表面积采用 BET 方法，孔分布采用 BJH 方法计算。

（三）结果与讨论

（1）BMS 表征

BMS 的形貌如图 5-38A 所示。

BMS 表现为分散性很好的球体，球的直径约在 2～4 μm 之间。其相应的 N_2 吸附等温线如图 5-38B 所示。从等温线的形状上判断属于典型的Ⅳ型等温线并且具有明显的滞后环，意味着其具有介孔结构[339]。

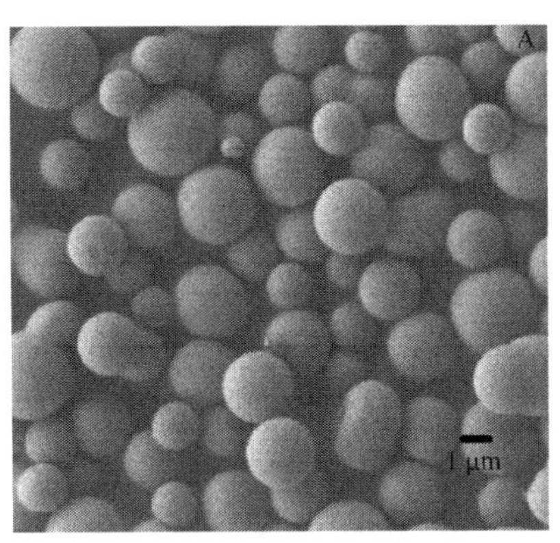

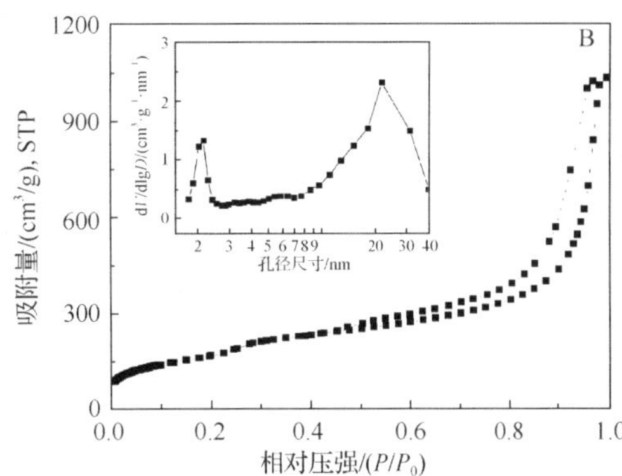

图 5-38　（A）BMS 的 SEM 表征及（B）BMS 的孔吸附表征（BET）和孔径分布（BJH）表征（内插图）

图 5-38B 中插图为合成样品的孔径分布曲线，从曲线中可以看到其孔径集中分布于大、小两个尺寸范围内。小孔径的尺寸约 2～3 nm，大孔径约 10～40 nm。通过对 BMS 孔径的考察，我们可以看出，它的大孔径尺寸与生物分子尺寸相当，可以用于固载生物大分子 [338]。

（2）Hb/BMS/CS 杂化膜的红外光谱和紫外光谱表征

为了考察固载于 Hb/BMS/CS 杂化膜中的 Hb 的天然构象的改变，我们对天然 Hb、HB/CS 和 Hb/BMS/CS 复合膜进行了傅里叶红外光谱测试。对于傅里叶红外光谱来说，Hb 的胺 I 带和胺 II 带是肽链二级结构的特征吸收，其中胺 I（1700～1600 cm^{-1}）吸收带是蛋白质肽链中 C=O 伸缩振动引起的；胺 II（1620～1500 cm^{-1}）吸收带是肽链中 N—H 的弯曲振动和 C—N 的伸缩振动的结果。根据胺 I 和胺 II 峰位置的改变可以判断蛋白质是否变性[340]。

图 5-39A 分别为 BMS、Hb、CS 及 Hb/BMS/CS 复合膜的傅里叶红外红外光谱图。从图中可以看到，BMS 在 1639 cm^{-1}，1089 cm^{-1} 和 809 cm^{-1} 处有特征吸收，1639 cm^{-1} 处的特征吸收是由于介孔中的吸附水造成的，1089 cm^{-1} 和 809 cm^{-1} 处的特征吸收是由于 Si 基团上键的对称和不对称伸缩振动造成的[341]（图 5-39A 中曲线 a）。Hb 在 1650 cm^{-1} 和 1550 cm^{-1} 处有吸收峰，分别对应于胺 I 和胺 II 的吸收带（图 5-39A 中曲线 b）[342]。壳聚糖的吸收带主要位于 1080 cm^{-1} 和 1410 cm^{-1} 处，对应于–CH_2 键的对称和不对称振动（图 5-39A 中曲线 c）[343]。Hb/BMS/CS 的红外吸收谱图明显包含了以上几种物质的特征吸收，其中，1655 cm^{-1} 和 1540 cm^{-1} 处的特征吸收峰对应于固载在 Hb/BMS/CS 复合膜中 Hb 的胺 I 和胺 II 特征吸收，与

天然的 Hb 的红外吸收相比没有明显的位移，这说明 Hb/BMS/CS 复合膜中的 Hb 保持了其原始构象。

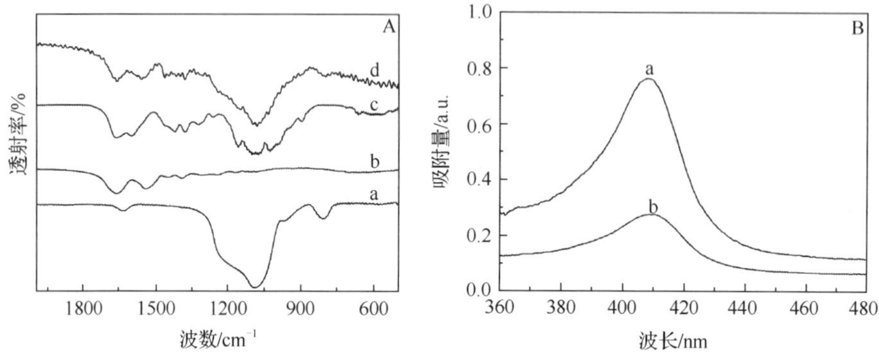

图 5-39　（A）BMS（a），Hb（b），CS（c）和 Hb/BMS/CS（d）的红外光谱表征图
（B）Hb 干膜（a），Hb/BMS/CS 复合膜（b）的紫外可见光谱图

对于紫外可见光谱来说，血红素蛋白质的 Soret 吸收带的位置可以提供有关蛋白质是否变性的信息，特别是对血红素辅基附近蛋白质的构象变化非常敏感，如果蛋白质发生变性，Soret 吸收将会偏离甚至会消失[344,345]。从图 5-39B 中我们可以看到，天然的 Hb 干膜的 Soret 吸收带位于 408 nm（图 5-39B 中曲线 a），Hb/BMS/CS 复合膜的 Soret 吸收带位于 409 nm（图 5-39B 中曲线 b），可见，它们的 Soret 吸收带的峰位基本一致，这证明 Hb/BMS/CS 复合膜中的 Hb 仍然基本保持了其原始构象。

（3）Hb/BMS/CS 杂化膜的直接电化学性质表征

图 5-40A 表示 Hb/BMS/CS 电极和 Hb/CS 电极在除氧条件下，在 0.1M PBS (pH=7.0)缓冲溶液中，扫速为 200 mV/s 扫描得到的循环伏安图。从图中我们可以看到，在 Hb/CS 电极上没有出现明显的氧化还原峰。而 Hb/BMS/CS 电极在相同的扫描电位范围内具有明显的氧化还原峰(图 5-40A)，式量电位 $E_{1/2}$为−0.32 V (*vs*. Ag/AgCl)，对应于 Hb 在电极上的特征氧化还原反应（$Hb\text{-}Fe^{III}/Fe^{II}$）。此外，在扫速 200 mV/s 下，该对峰的峰峰电位差为 47 mV，阴极峰电流（I_{pc})与阳极峰电流(I_{pa})的比值接近 1∶1，说明该电极反应为快速的电子传递过程并且具有良好的可逆性。与 Hb/CS 电极相比，Hb/BMS/CS 电极具有更好的直接电化学信号，可见，BMS 对促进 Hb 的直接电子转移起了非常重要的作用。同时，与 Hb/CS 电极相比，Hb/BMS/CS 电极上的循环伏安响应的界面电容大大降低了。而以往利用纳米粒子/壳聚糖复合膜，或介孔硅/壳聚糖复合膜固载血红素蛋白的相似研究中引

文献，并没有发现此类现象，我们推断这与 BMS 具有的独特的孔径特征有关。

图 5-40B 为 Hb/BMS/CS 电极在不同扫速条件下的循环伏安图，从图中看到氧化还原峰的峰电流均随扫速的增加而增加，且峰电流与扫速（20～5000 mV/s）呈良好的线性关系，不同扫速下积分还原峰得到基本相同的电量值，这些都说明 Hb/BMS/CS 电极上的电子转移过程为表面控制过程。即当电位正向扫描过阴极还原峰电位时，Hb/BMS/CS 复合膜中的具有电活性的 Hb-Fe^{III}全部还原成 Hb-Fe^{II}；而当逆向扫描时，Hb-Fe^{II}又全部转换成 Hb-Fe^{III}[330]。

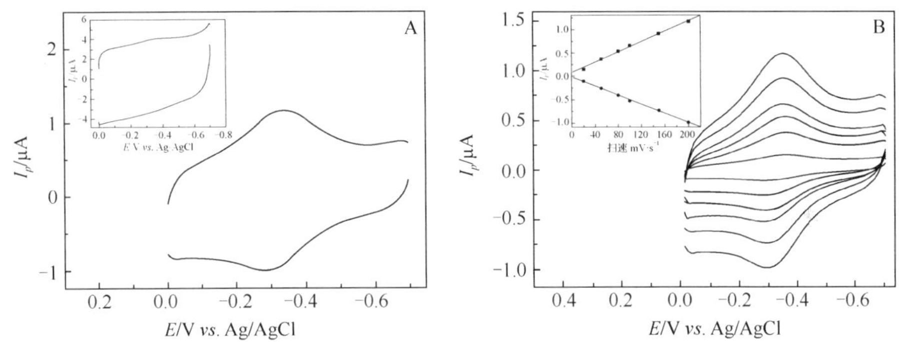

图 5-40 （A）Hb/BMS/CS 电极和（内插图）Hb/CS 电极在 0.1 M PBS（pH=7.0）溶液中的循环伏安对比图。扫速：200 mV · s^{-1}。（B）Hb/BMS/CS 电极在 20 mV，50 mV，80 mV，100 mV，150 mV 和 200 mV · s^{-1} 扫速条件下在 0.1 M PBS (pH=7.0)溶液中的循环伏安图以及对应的氧化（•）和还原（▪）电流与扫速之间的线性关系

根据公式 $Q = nFA\Gamma^*$，可以由积分循环伏安还原峰的峰面积得到的电量来估算电极表面电活性 Mb 的表面覆盖度。这里，Γ^*：表面覆盖量(mol/cm^2)；Q：反应消耗的电量；n：电子转移数，这里取 1；A：电极面积（这里使用 GC 电极的几何面积，0.07 cm^2）。由此公式，可求出 Hb/BMS/CS 电极上电活性 Hb 的表面覆盖度为 9.34×10^{-11} mol/cm^2，由于 Hb 的最大理论表面单层覆盖度约为 1.89×10^{-11} mol/cm^2[286]，可知 Hb/BMS/CS 电极上电活性 Hb 的表面覆盖度约为最大理论单层覆盖度的 5 倍，这说明在 Hb/BMS/CS 电极复合膜内，有多层 Hb 参与了电极反应，这与 BMS 的多孔结构具有更大的比表面积和提供了更高的 Hb 固载量有关。

（4）Hb/BMS/CS 杂化膜的电催化性质表征

多种血红素蛋白质如血红蛋（Hb），肌红蛋白（myoglobin），细胞色素 C（Cyt-C）能够实现对 H_2O_2 的电化学催化还原。为了考察固载于 Hb/BMS/CS 电极中的 Hb

对 H_2O_2 的电化学催化活性，我们研究了 Hb/BMS/CS 电极对 H_2O_2 的电化学催化性质。图 5-41A 为 Hb/BMS/CS 电极对 H_2O_2 的电催化还原循环伏安图。如图 5-41A 所示，在 pH=7.0 的除氧 PBS 缓冲溶液中，加入 H_2O_2 的条件下，可以观察到 Hb/BMS/CS 电极在−0.32 V 处的循环伏安还原峰大大增加，并伴随着 $HbFe^{II}$ 的氧化峰的逐渐上消失，其原因是 Hb 中的 Fe^{II} 与 H_2O_2 发生了快速的化学反应将 $HbFe^{II}$ 转化成 $HbFe^{III}$[333]。这说明固载在 Hb/BMS/CS 复合膜中的 Hb 仍然保持了它的生物活性，能够实现对 H_2O_2 的催化。

为了考察 BMS 对 Hb/BMS/CS 电极的催化性能的影响，使用不存在 BMS 的 Hb/CS 电极作对比，在相同条件下，研究了二者催化 H_2O_2 的循环伏安响应的差别。

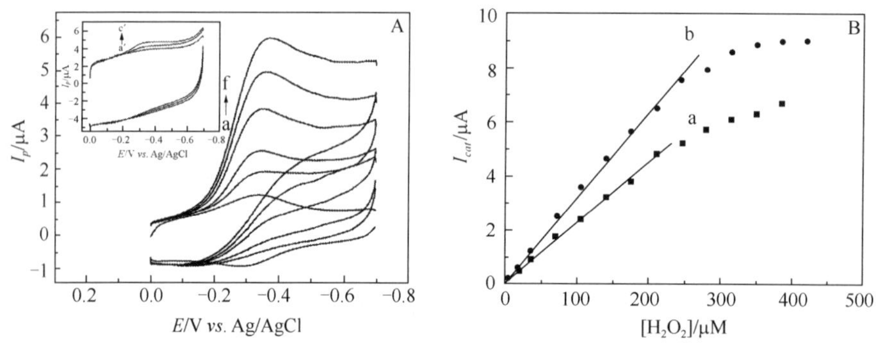

图 5-41 （A）Hb/BMS/CS 电极在 0.1 M PBS（pH=7.0）溶液中改变 H_2O_2 浓度（a）0，（b）17.5 M，（c）35 M，（d）70 M，（e）105 M 和（f）140 M 和（内插图）Hb/CS 电极在 0.1 M PBS（pH=7.0）溶液中改变 H_2O_2 浓度（a′）0，（b′）17.5 M，（c′）35 M 对应的循环伏安曲线，扫速：200 mV/s；（B）Hb/BMS/CS（b）电极和 Hb/CS（a）电极在 0.1 M PBS（pH=7.0）溶液中催化还原电流与 H_2O_2 浓度之间的校正曲线

如图 5-41A 及其内插图中循环伏安图所示，在 pH= 7.0 的除氧磷酸缓冲溶液中使用注射器注入一定量的 H_2O_2，Hb/BMS/CS 和 Hb/CS 电极在−0.32V 处的还原电流均得到增加，即二者都对 H_2O_2 表现出催化还原作用。比较 Hb/BMS/CS 和 Hb/CS 电极对相同浓度的 H_2O_2 的催化电流值，发现在 Hb/BMS/CS 电极上得到的催化电流更大。这里催化电流值是指还原电流值的增量，即扣除了没有加入过氧化氢时的电极的背景电流。

图 5-41B 中曲线 a 和 b 分别表示 Hb/BMS/CS 和 Hb/CS 电极的催化电流和 H_2O_2 浓度之间的关系曲线。从图上我们可以看到，Hb/BMS/CS 和 Hb/CS 电极表现出对 H_2O_2 不同的催化性能。对 Hb/BMS/CS 电极来说，催化还原电流与 H_2O_2 浓度在

2.5～245 μM 范围内呈线性关系，根据 3 倍于噪声信号计算，最低检测限为 0.83 μM(*S*/*N*=3)。根据直线部分的斜率，计算得到 Hb/BMS/CS 对 H_2O_2 的催化灵敏度为 29 $\mu A \cdot mM^{-1} \cdot cm^{-2}$。相对而言，Hb/CS 电极对 H_2O_2 的线性检测范围为 5～210 μM，检测限为 1.7 μM，灵敏度为 317 $\mu A \cdot mM^{-1} \cdot cm^{-2}$。通过比较，我们可以看到 Hb/BMS/CS 电极对 H_2O_2 具有更宽的检测范围，更低的检测限和更高的灵敏度。

综上所述，相对于没有 BMS 的 Hb/CS 电极，Hb/BMS/CS 电极对 H_2O_2 具有更好的电化学催化性能。我们推断这与 BMS 的特殊结构有关。即 BMS 大于 Hb 尺寸的大孔结构为 Hb 提供了高固载量和适宜的微环境，有利于多层 Hb 参与直接电子转移过程，BMS 小于 Hb 尺寸的小孔结构为 H_2O_2 提供了“传输通道”，有利于 H_2O_2 在膜内的扩散[338]。

（5）Hb/BMS/CS 电极的重复性和稳定性表征

为了考察 Hb/BMS/CS 电极的重复性，我们使用六个相同的 GC 电极制备 Hb/BMS/CS 电极并将制得电极用于测定 40μM H_2O_2，实验结果表明催化电流的相对标准偏差为 3.3%，这说明 Hb/BMS/CS 电极重复性很好。此外，我们考察了存储时间对 Hb/BMS/CS 电极稳定性的影响。将 Hb/BMS/CS 电极在 4 ℃置入 PBS(pH=7.0)溶液中存储一个月后，再次测定 H_2O_2，对比一个月前后两次测定的伏安曲线，我们发现催化电流并没有明显的改变。这说明 Hb/BMS/CS 电极在一个月内具有很好的稳定性，且 BMS 和壳聚糖杂化膜是一种很好的 Hb 固载材料，固载于其中的 Hb 不容易泄漏和失活。

（四）结论

本工作使用双孔径介孔硅和壳聚糖杂化膜固载 Hb 构建了 Hb/BMS/CS 电极。该电极在除氧 PBS 缓冲溶液中（pH=7.0）于−0.32 V（*vs.*Ag/AgCl）处表现出可逆的氧化还原峰，对应于血红蛋白中铁原子与电极表面的直接电子转移。相对于不存在 BMS 的 Hb/CS 电极，Hb/BMS/CS 电极对 H_2O_2 表现出更好的电化学催化性能，如宽检测范围、低检测限、高灵敏度。由此，我们推断这与 BMS 的双孔径结构有关，即 BMS 大于 Hb 尺寸的大孔结构为 Hb 提供了高固载量和适宜的微环境，有利于多层 Hb 参与直接电子转移过程，同时，BMS 小于 Hb 尺寸的小孔结构为 H_2O_2 提供了“传输通道”，有利于 H_2O_2 在膜内的扩散。

参 考 文 献

[1] Ahn C I, Park Y M, Cho J M, Lee D H, Chung C H, Cho B G, Bae J W. Catalysis Surveys from Asia, 2016, 20 (4): 210-230.

[2] El-Safty S A. Journal of Porous Materials, 2011, 18 (3): 259-287.

[3] Huang W Y, Zhang Y M, Li D. Journal of Environmental Management, 2017, 193: 470-482.

[4] Da'na E. Microporous and Mesoporous Materials, 2017, 247: 145-157.

[5] Etienne M, Guillemin Y, Grosso D, Walcarius A. Analytical and Bioanalytical Chemistry, 2013, 405 (5): 1497-1512.

[6] Ndamanisha J C, Guo L P. Analytica Chimica Acta, 2012, 747: 19-28.

[7] Zheng D, Ye J, Zhou L, Zhang Y, Yu C. Journal of Electroanalytical Chemistry, 2009, 625 (1): 82-87.

[8] Kooshi M, Shams E. Analytica Chimica Acta, 2007, 587(1): 110-115.

[9] Jia N, Wang Z, Yang G, Shen H, Zhu L. Electrochemistry Communications, 2007, 9 (2): 233-238.

[10] Ma Y, Hu G, Shao S, Guo Y. Chemical Papers, 2009, 63 (6): 641-645.

[11] Bai J, Guo L, Ndamanisha J C, Qi B. Journal of Applied Electrochemistry, 2009, 39 (12): 2497-2503.

[12] Zhang T, Zeng L, Han L, Li T, Zheng C, Wei M, Liu A. Analytica Chimica Acta, 2014, 822: 23-29.

[13] Zhang T, Lang Q, Yang D, Li L, Zeng L, Zheng C, Li T, Wei M, Liu A. Electrochimica Acta, 2013, 106: 127-134.

[14] Hu G, Ma Y, Guo Y, Shao S. Journal of Electroanalytical Chemistry, 2009, 633 (1): 264-267.

[15] Yan X, Bo X, Guo L. Sensors and Actuators B-Chemical, 2011, 155 (2): 837-842.

[16] Zhu M, Zhang Y, Ye J, Du H. International Journal of Electrochemical Science, 2015, 10 (10): 8263-8275.

[17] Bo X, Xie W, Ndamanisha J C, Bai J, Guo L. Electroanalysis, 2009, 21 (23): 2549-2555.

[18] Rofouei M K, Khoshsafar H, Kalbasi R J, Bagheri H. Rsc Advances, 2016, 6 (16): 13160-13167.

[19] Pan D, Ma S, Bo X, Guo L. Microchimica Acta, 2011, 173 (1-2): 215-221.

[20] Ndamanisha J C, Bai J, Qj B, Guo L. Analytical Biochemistry, 2009, 386 (1): 79-84.

[21] You C, Xuewu Y, Wang Y, Zhang S, Kong J, Zhao D, Liu B. Electrochemistry Communications, 2009, 11 (1): 227-230.

[22] Wang Y, You C, Zhang S, Kong J, Marty J-L, Zhao D, Liu B. Microchimica Acta, 2009, 167 (1-2): 75-79.

[23] Yang X, Feng B, Yang P, Ding Y, Chen Y, Fei J. Food Chemistry, 2014, 145: 619-624.

[24] Guo Z, Xu X-f, Li J, Liu Y-w, Zhang J, Yang C. Sensors and Actuators B-Chemical, 2014, 200: 101-108.

[25] Regiart M, Magallanes J L, Barrera D, Villarroel-Rocha J, Sapag K, Raba J, Bertolino F A. Sensors and Actuators B-Chemical, 2016, 232: 765-772.

[26] Liu D, Ji L, Ding Y, Weng X, Yang F, Zhang X. Journal of Electroanalytical Chemistry, 2017, 803: 58-64.

[27] Zhu L, Tian C, Zhu D, Yang R. Electroanalysis, 2008, 20 (10): 1128-1134.

[28] Hou Y, Guo L-p, Wang G. Journal of Electroanalytical Chemistry, 2008, 617 (2): 211-217.

[29] Bai J, Bo X, Zhu D, Wang G, Guo L. Electrochimica Acta 2010, 56: 657-662.

[30] Wang H, Qi B, Lu B, Bo X, Guo L. Electrochimica Acta, 2011, 56 (8): 3042-3048.

[31] Wang L, Bo X, Bai J, Zhu L, Guo L. Electroanalysis, 2010, 22 (21): 2536-2542.

[32] Su C, Zhang C, Lu G, Ma C. Electroanalysis, 2010, 22 (16): 1901-1905.

[33] Bo X, Ndamanisha J C, Bai J, Guo L. Talanta, 2010, 82 (1): 85-91.

[34] Bo X, Bai J, Ju J, Guo L. Analytica Chimica Acta, 2010, 675 (1): 29-35.

[35] Heidari H, Habibi B, Vaigan F B. Analytical Methods, 2016, 8 (22): 4406-4412.

[36] Zhang Y, Bo X, Luhana C, Guo L. Electrochimica Acta, 2011, 56: 5849-5854.

[37] Bo X, Bai J, Yang L, Guo L. Sensors and Actuators B-Chemical, 2011, 157 (2): 662-668.

[38] Ndamanisha J C, Guo L. Bioelectrochemistry, 2009, 77 (1): 60-63.

[39] Ma M, Zhu P, Pi F, Ji J, Sun X. Journal of Electroanalytical Chemistry, 2016, 775: 171-178.

[40] Tashkhourian J, Daneshi M, Nami-Ana F, Behbahani M, Bagheri A. Journal of Hazardous Materials, 2016, 318: 117-124.

[41] Bo X, Bai J, Qi B, Guo L. Biosensors & Bioelectronics, 2011, 28 (1): 77-83.

[42] Li F, Wang H, Zhao X, Li B, Zhang Y. Rsc Advances, 2016, 6 (75): 70810-70815.

[43] Yan L, Bo X, Zhu D, Guo L. Talanta, 2014, 120: 304-311.

[44] Fang G, Liu G, Yang Y, Wang S. Sensors and Actuators B-Chemical, 2016, 230: 272-280.

[45] Zheng Z, Feng Q, Li J, Wang C. Sensors and Actuators B-Chemical, 2015, 221: 1162-1169.

[46] Xu B, Yang L, Zhao F, Zeng B. Electrochimica Acta, 2017, 247: 657-665.

[47] Zhou M, Guo L p, Lin F y, Liu H x. Analytica Chimica Acta, 2007, 587: 124-131.

[48] Liu L, Ndamanisha J C, Bai J, Guo L-p. Electrochimica Acta, 2010, 55 (9): 3035-3040.

[49] Yang H, Lu B, Guo L, Qi B. Journal of Electroanalytical Chemistry, 2011, 650 (2): 171-175.

[50] Yan X, Pan D, Wang H, Bo X, Guo L. Journal of Electroanalytical Chemistry, 2011, 663: 36-42.

[51] Lu B, Bai J, Bo X, Zhu L, Guo L. Electrochimica Acta, 2010, 55 (28): 8724-8730.

[52] Bo X, Bai J, Wang L, Guo L. Talanta, 2010, 81: 339-345.

[53] Ndamanisha J C, Hou Y, Bai J, Guo L. Electrochimica Acta, 2009, 54: 3935-3942.

[54] Ndamanisha J C, Guo L, Wang G. Microporous and Mesoporous Materials, 2008, 113 (1-3): 114-121.

[55] Ndamanisha J C, Guo L. Biosensors & Bioelectronics, 2008, 23 (11): 1680-1685.

[56] Liu L, Guo L-p, Bo X-j, Bai J, Cui X-j. Analytica Chimica Acta, 2010, 673 (1): 88-94.

[57] Zhu L, Yang R, Jiang X, Yang D. Electrochemistry Communications, 2009, 11 (3): 530-533.

[58] Hua E, Wang L, Jing X, Chen C, Xie G. Talanta, 2013, 111: 163-169.

[59] Jiang X, Zhu L, Yang D, Mao X, Wu Y. Electroanalysis, 2009, 21 (14): 1617-1623.

[60] Ndamanisha J C, Bo X, Guo L. Analyst, 2010, 135 (3): 621-629.

[61] Qi B, Peng X, Fang J, Guo L. Electroanalysis, 2009, 21 (7): 875-880.

[62] Fang J, Qi B, Yang L, Guo L. Journal of Electroanalytical Chemistry, 2010, 643 (1-2): 52-57.

[63] Lu B, Bai J, Bo X, Yang L, Guo L. Electrochimica Acta, 2010, 55 (15): 4647-4652.

[64] Bai J, Bo X, Qi B, Guo L. Electroanalysis, 2010, 22 (15): 1750-1756.

[65] Xie F, Li W, He J, Yu S, Fu T, Yang H. Materials Chemistry and Physics, 2004, 86: 425-429.

[66] Pal M, Ganesan V. Langmuir, 2009, 25: 13264-13272.

[67] Rohlfing D F, Rathouský J, Rohlfing Y, Bartels O, Wark M. Langmuir, 2005, 21: 11320-11329.

[68] Li L, Li W, Sun C, Li L. Electrochemistry, 2002, 14: 368-375.

[69] 张玲, 张谦, 范运, 矫淞霖, 林海波, 段纪东, 张洪波. 一种电活性离子液体基介孔硅修饰电极的制备方法及应用: CN104655697B, 2017-05-31.

[70] Li W, Li L, Wang Z, Cui A, Sun C, Zhao J. Materials Letters, 2001, 49: 228-234.

[71] Wang C, Zou X, Zhao X, Wang Q, Tan J, Yuan R. Journal of Electroanalytical Chemistry, 2015, 741: 36-41.

[72] Ouyang X, Luo L, Ding Y, Liu B, Xu D, Huang A. Journal of Electroanalytical Chemistry, 2015, 748: 1-7.

[73] Filik H, Avan A A, Aydar S. Arabian Journal of Chemistry, 2016, 9 (3): 471-480.

[74] Zheng D, Ye J, Zhou L, Zhang Y, Yu C. Journal of Electroanalytical Chemistry, 2009, 625 (1): 82-87.

[75] Xiao C, Chu X, Yang Y, Li X, Zhang X, Chen J. Biosensors & Bioelectronics, 2011, 26 (6): 2934-2939.

[76] Yue Y, Hu G, Zheng M, Guo Y, Cao J, Shao S. Carbon, 2012, 50 (1): 107-114.

[77] Joshi A, Schuhmann W, Nagaiah T C. Sensors and Actuators B-Chemical, 2016, 230: 544-555.

[78] Balamurugan J, Kumar S M S, Thangamuthu R, Pandurangan A. Journal of Molecular Catalysis A-Chemical, 2013, 372: 13-22.

[79] Selvarajan S, Suganthi A, Rajarajan M. Surfaces and Interfaces, 2017, 7: 146-156.

[80] Yue Y, Hu G, Zheng M, Guo Y, Cao J, Shao S. Carbon, 2012, 50 (1): 107-114.

[81] Joshi A, Schuhmann W, C. Nagaiah T. Sensors and Actuators B-Chemical, 2016, 230: 544-555.

[82] Xiao C, Chu X, Yang Y, Li X, Zhang X, Chen J. Biosensors & bioelectronics, 2011, 26 (6): 2934-2939.

[83] Balamurugan J, Senthil Kumar S M, Thangamuthu R, Pandurangan A. Journal of Molecular Catalysis A-Chemical, 2013, 372: 13-22.

[84] Selvarajan S, Suganthi A, Rajarajan M. Surfaces and Interfaces, 2017, 7: 146-156.

[85] Yamauchi Y, Kuroda K. Chemistry-An Asian Journal, 2008, 3 (4): 664-676.

[86] Zhou M, Guo L P, Hou Y, Peng X J. Electrochimica Acta, 2008, 53 (12): 4176-4184.

[87] Banks W A. Brain Research, 2001, 899 (1): 209-217.

[88] Luo L, Li F, Zhu L, Ding Y, Zhang Z, Deng D, Lu B. Analytical Methods, 2012, 4 (8): 2417-2422.

[89] Mazloum-Ardakani M, Sheikh-Mohseni M A, Abdollahi-Alibeik M, Benvidi A. Sensors and Actuators B-Chemical, 2012, 171: 380-386.

[90] Raoof J B, Chekin F, Ojani R, Barari S, Anbia M, Mandegarzad S. Journal of Solid State Electrochemistry, 2012, 16 (12): 3753-3760.

[91] Dai M, Haselwood B, Vogt B D, La Belle J T. Analytica Chimica Acta, 2013, 788: 32-38.

[92] Jahanbakhshi M. Materials Science & Engineering C-Materials for Biological Applications, 2017, 70: 544-551.

[93] Deftereos N T, Calokerinos A C, Efstathiou C E. Analyst, 1993, 118 (6): 627-632.

[94] Miland E, Ordieres A J M, Blanco P T, Smyth M R, Fágáin C Ó. Talanta, 1996, 43 (5): 785-796.

[95] Luo L, Deng D, Lu B. Analytical Methods, 2017, 9 (2): 1416-1422.

[96] Tashkhourian J, Daneshi M, Nami-Ana S F. Analytica Chimica Acta, 2016, 902: 89-96.

[97] Gupta R, Rastogi P K, Ganesan V, Yadav D K, Sonkar P K. Sensors and Actuators B-Chemical, 2017, 239: 970-978.

[98] Zhang Y, Bo X, Nsabimana A, Luhana C, Wang G, Wang H, Li M, Guo L. Biosensors & Bioelectronics, 2014, 53: 250-256.

[99] Xue Z, Zhang F, Qin D, Wang Y, Zhang J, Liu J, Feng Y, Lu X. Carbon, 2014, 69: 481-489.

[100] Ma J, Zhang Y, Zhang X, Zhu G, Liu B, Chen J. Talanta, 2012, 88: 696-700.

[101] Qi B, Lin F, Bai J, Liu L, Guo L. Materials Letters, 2008, 62 (21-22): 3670-3672.

[102] Xue Z, Lian H, Hu C, Feng Y, Zhang F, Liu X, Lu X. Australian Journal of Chemistry, 2014, 67 (5): 796-804.

[103] Li Y, Zhai X, Liu X, Wang L, Liu H, Wang H. Talanta, 2016, 148: 362-369.

[104] Hu X, Feng Y, Wang H, Zhao F, Zeng B. Analytical Methods, 2018, 10: 4543-4548.

[105] Wang F, Yang J, Wu K. Analytical Chimica Acta, 2009, 638 (1): 23-28.

[106] Wang Y, Yang Y, Xu L, Zhang J. Electrochimica Acta, 2011, 56 (5): 2105-2109.

[107] Jiao Y, Jia H, Guo Y, Zhang H, Wang Z, Sun X, Zhao J. Rsc Advances, 2016, 6 (63): 58541-58548.

[108] Cao Y, Fan Y, Ma Z, Cheng Z, Xiang Q, Duan Z, Xu J. Sensors and Actuators B: Chemical, 2018, 273: 1162-1169.

[109] Huo S, Zhao H, Dong J, Xu J. Electroanalysis, 2018, 30 (9): 2121-2130.

[110] Gao Z N, Han X X, Yao H Q, Liang B, Liu W Y. Analytical and Bioanalytical Chemistry, 2006, 385 (7): 1324-1329.

[111] Yang G, Wang C, Zhang R, Wang C, Qu Q, Hu X. Bioelectrochemistry, 2008, 73 (1): 37-42.

[112] Balasubramanian P, Balamurugan T S T, Chen S-m, Chen T-w, Lin P-h. Sensors and Actuators B-Chemical, 2019, 283: 613-620.

[113] Luo L, Li F, Zhu L, Ding Y, Deng D. Sensors and Actuators B-Chemical, 2013, 187: 78-83.

[114] Tan F, Zhao Q, Teng F, Sun D, Gao J, Quan X, Chen J. Materials Letters, 2014, 129: 95-97.

[115] Vytřas K, Švancara I, Metelka R. Journal of the Serbian Chemical Society, 2009, 74 (10): 1021-1033.

[116] 韦良, 赵燕熹, 向勇, 王磊磊, 聂秋宇, 韩柞岑, 李金林. 武汉理工大学学报, 2013, 35 (6): 34-38.

[117] 王连洲, 施剑林, 禹剑, 严东生. 无机材料学报, 1999, 14 (3): 333-342.

[118] 张玲, 矫松林, 张潆之, 范蕴, 张洪波, 段纪东. 沈阳师范大学学报(自然科学版), 2014, (3): 343-348.

[119] 林洁华, 张慧慧, 邵美佳. 化学学报, 2014, 72 (2): 241-245.

[120] Schmidtwinkel P, Lukens W W, Yang P, David I. Margolese, John S. Lettow, Ying J Y, Stucky G D. Chemistry of Materials, 2000, 12 (3): 686-696.

[121] Sánchez A, Morante-Zarcero S, Hierro I D, Sierra I. Journal of Electroanalytical Chemistry, 2013, 689 (2): 76-82.

[122] Zhang L, Zhang Q, Li J. Electrochemistry Communications, 2007, 9 (7): 1530-1535.

[123] 田鹏. 沈阳师范大学学报(自然科学版), 2011, 29 (2): 129-137.

[124] 吕子健, 田鹏, 王倩, 苏桂田, 杨子千, 史振彦. 沈阳师范大学学报(自然科学版), 2009, 27 (3): 348-350.

[125] 张鹏, 王朕威, 吴抒遥, 房大维, 戴云. 沈阳师范大学学报(自然科学版), 2008, 26 (4): 469-472.

[126] 王泽, 贾晓光, 朱永春, 张洪波, 段纪东, 张玲. 分析测试学报, 2015, 34 (9): 1055-1060.

[127] Jensen M P, Neuefeind J, Beitz J V, Skanthakumar S, Soderholm L. Journal of the American Chemical Society, 2003, 125 (50): 15466-15473.

[128] Yamaguchi K, Yoshida C, Uchida S, Mizuno N. Journal of the American Chemical Society, 2005, 127 (2): 530-531.

[129] Zhang P H, Dong S Y, Gu G Z, Huang T L. Bulletin of Korean Chemical Society, 2010, 31(10): 2949-2954.

[130] Hashkavayi A B, Raoof J B, Azimi R, Ojani R. Analytical and Bioanalytical Chemistry, 2016, 408: 2557-2565.

[131] Shi X Y, Wei J F. Journal of Molecular Catalysis A Chemical, 2008, 280 (1-2): 142-147.

[132] Sanchez P L, Elliott J M. Analyst, 2008, 2 (133): 256-262.

[133] Zhu L, Tian C, Yang R, Zhai J. Electroanalysis, 2008, 20 (5): 527-533.

[134] Yu J, Du W, Zhao F, Zeng B. Electrochimica Acta, 2009, 54 (3): 984-988.

[135] Zang J, Guo C X, Hu F, Yu L, Li C M. Analytica Chimica Acta, 2011, 683 (2): 187-191.

[136] Hu G, Guo Y, Shao S. Biosensors & Bioelectronics, 2009, 24 (11): 3391-3394.

[137] Li F, Song J, Shan C, Gao D, Xu X, Niu L. Biosensors & Bioelectronics, 2010, 25 (6): 1408-1413.

[138] Bai J, Ndamanisha J C, Liu L, Yang L, Guo L. Journal of Solid State Electrochemistry, 2010, 14 (12): 2251-2256.

[139] Yang D, Zhu L, Jiang X, Guo L. Sensors and Actuators B-Chemical, 2009, 141 (1): 124-129.

[140] Yang H, Lu B, Qi B, Guo L. Journal of Electroanalytical Chemistry, 2011, 660 (1): 2-7.

[141] Walcarius A, Despas C, Trens P, Hudson M J. Bessie`re J. Journal of Electroanalytical Chemistry. 1998, 453: 249-252.

[142] Zhang H X, Cao A M, Hu J S, Wan L J, Lee S T. Analytical Chemistry, 2006, 78 (6): 1967-1971.

[143] Sun D, Zhang Y, Wang F, Wu K, Chen J, Zhou Y. Sensors and Actuators B-Chemical, 2009, 141 (2): 641-645.

[144] Sun D, Li X, Zhang H, Xie X. International Journal of Environmental Analytical Chemistry, 2012, 92 (3): 324-333.

[145] Zhou C, Liu Z, Dong Y, Li D. Electroanalysis, 2009, 21(7): 853-858.

[146] Zhao J, Huang W, Zheng X. Journal of Applied Electrochemistry, 2009, 39 (12): 2415-2419.

[147] Sun D, Wang F, Wu K, Chen J, Zhou Y. Microchimica Acta, 2009, 167 (1-2): 35-39.

[148] Walcarius A, Bessie`re J. Chemistry of Materials, 1999, 11: 3009-3011.

[149] Walcarius A, Mercier L. Journal of Materials Chemistry, 2010, 20 (22): 4478-4511.

[150] Walcarius A. Electroanalysis, 2008, 20 (7): 711-738.

[151] Etienne M, Walcarius A. Electrochemistry Communications, 2005, 7 (12): 1449-1456.

[152] Yantasee W, Lin Y H, Li X H, Fryxell G E, Zemanian T S, Viswanathan V V. Analyst, 2003, 128 (7): 899-904.

[153] Etienne M, Goux A, Sibottier E, Walcarius A. Journal of Nanoscience and Nanotechnology, 2009, 9 (4): 2398-2406.

[154] Walcarius A, Ganesant V. Langmuir, 2006, 22 (1): 469-477.

[155] Ganesan V, Walcarius A. Langmuir, 2004, 20 (9): 3632-3640.

[156] Yantasee W, Fryxell G E, Conner M M, Lin Y H. Journal of Nanoscience and Nanotechnology, 2005, 5 (9): 1537-1540.

[157] Yantasee W, Fryxell G E, Lin Y. Analyst, 2006, 131 (12): 1342-1346.

[158] Walcarius A, Sayen S, Gerardin C, Hamdoune F, Rodehuuser L. Colloids and Surfaces A-Physicochemical And Engineering Aspects, 2004, 234 (1-3): 145-151.

[159] Yantasee W, Lin Y H, Fryxell G E, Busche B J. Analytica Chimica Acta, 2004, 502 (2): 207-212.

[160] Cesarino I, Marino G, Matos J d R, Cavalheiro É T G. Journal of the Brazilian Chemical Society, 2007, 4: 810-817.

[161] Popa D E, Mureseanu M, Tanase I G. Revista De Chimie, 2012, 63 (5): 507-512.

[162] Goubert-Renaudin S, Etienne M, Rousselin Y, Denat F, Lebeau B, Walcarius A. Electroanalysis, 2009, 21 (3-5): 280-289.

[163] Xu X, Liu Z, Zhang X, Duan S, Xu S, Zhou C. Electrochimica Acta, 2011, 58: 142-149.

[164] Morante-Zarcero S, Sanchez A, Fajardo M, del Hierro I, Sierra I. Microchimica Acta, 2010, 169 (1-2): 57-64.

[165] Yu J-j, Lu S, Li J-w, Zhao F-q, Zeng B-z. Journal of Solid State Electrochemistry, 2007, 11 (9): 1211-1219.

[166] Etienne M, Cortot J, Walcarius A. Electroanalysis, 2007, 19 (2-3): 129-138.

[167] Goubert-Renaudin S, Moreau M, Despas C, Meyer M, Denat F, Lebeau B, Walcarius A. Electroanalysis, 2009, 21 (15): 1731-1742.

[168] Walcarius A, Etienne M, Sayen S, Lebeau B. Electroanalysis, 2003, 15 (5-6): 414-421.

[169] Yantasee W, Lin Y H, Fryxell G E, Wang Z M. Electroanalysis, 2004, 16 (10): 870-873.

[170] Yantasee W, Charnhattakorn B, Fryxell G E, Lin Y, Timchalk C, Addleman R S. Analytica Chimica Acta, 2008, 620 (1-2): 55-63.

[171] Fattakhova-Rohlfing D, Wark M, Rathousky J. Sensors and Actuators B-Chemical, 2007, 126 (1): 78-81.

[172] Wang J, Lv M, Wang Z, Zhou M, Gu C, Guo C. Journal of Photochemistry & Photobiology A Chemistry, 2015, 309: 37-46.

[173] Zhu X, Zhao L, Wang B. Microchimica Acta, 2006, 155（3-4）: 459-463.

[174] Kisomi A S, Khorrami A R, Alizadeh T, Farsadrooh M, Javadian H, Asfaram A, Aslipashaki S N, Rafiei P. Ultrasonics Sonochemistry, 2018, 44: 129-136.

[175] Gholivand M B, Babakhanian A, Rafiee E. Talanta, 2008, 76（3）: 503-508.

[176] Khodadoust S, Kouri N C. Spectrochimica Acta Part A-molecular and Biomolecular Spectroscopy, 2014, 123 (7): 85-88.

[177] Yazid Mohd S N A, Chin Fun S, Pang Cem S, Ng Muk S. Microchimica Acta, 2013, 180 (1-2): 137-143.

[178] Mahmoudian M R, Basirun W J, Alias Y. Rsc Advances, 2016, 6 (43): 36459-36466.

[179] Pachauri N, Dave K, Dinda A, Solanki P R. Journal of Materials Chemistry B, 2018, 6: 3000-3012.

[180] Kh Z Bainina. 电化学分析.王国顺,吕荣山,施清照 译. 北京：中国计量出版社, 1988.

[181] Khan M, Liu X, Zhu J, Ma F, Hu W, Liu X. Biosensors & Bioelectronics, 2018, 108: 76-81.

[182] Xu X, Duan G, Li Y, Liu G, Wang J, Zhang H, Dai Z, Cai W. ACS Applied Materials & Interfaces, 2014, 6 (1): 65-71.

[183] Lan Z, Wei X, Liu S. Ionics, 2016, 22 (6): 935-941.

[184] Gupta R, Rastogi P K, Srivastava U, Ganesan V, Sonkar P K, Yadav D K. Rsc Advances, 2016, 6（70）: 65779-65788.

[185] Pereira E, Rivas B L, Heitzman M, Moutet J C, Bucher C, Royal G, Aman E S. Macromolecular Symposia, 2011, 304 (1): 115-125.

[186] Zhu L, Xu L, Huang B, Jia N, Liang T, Yao S. Electrochimica Acta, 2014, 115 (3): 471-477.

[187] Ashkenani H, Taher M A. Journal of Electroanalytical Chemistry, 2012, 683 (3): 80-87.

[188] Sachdev D, Maheshwari P H, Dubey A. Journal of Porous Materials, 2016, 23 (1): 123-129.

[189] Sonkar P K, Ganesan V, Gupta R, Yadav D K. Journal of Nanoparticle Research, 2016, 18 (10): 297-301.

[190] Duan S, Xin Z, Shuai X, Zhou C. Electrochimica Acta, 2013, 88 (2): 885-891.

[191] Yantasee W, Lin Y, Fryxell G E, Busche B J. Analytica Chimica Acta, 2004, 502 (2): 207-212.

[192] 张名楠, 刘斌, 周政, 徐金瑞. 阳极溶出伏安法测定三苯基锡的应用研究//全国轻金属分析学术会议论文选编, 2004:265-267.

[193] Clark L C, Jr., Lyons C. Academy of Sciences, 1962, 102: 29-45.

[194] Updike S J, Hicks G P. Nature, 1967, 214: 986-988.

[195] 陈旭. 中国科学院长春应用化学研究所博士学位论文, 长春, 2002.

[196] 汪尔康. 21 世纪的分析化学. 北京：科学出版社, 1999.

[197] Wang B, Dong S. Talanta, 2000, 51: 565-572.

[198] Berezin I V, Bogdanovskaya V A, Yarasevich S D, Yaropolov M R A. Bioelectrocatalysis, 1978, 240: 615-618.

[199] Varfolomeev S D, Berezin I V. Journal of Molecular Catalysis, 1978, 4: 387-398.

[200] Milazzo G, M.Blank. 生物电化学——生物氧化还原反应. 肖科, 唐宝璋, 史尔纲 译. 天津: 天津科学出版社, 1990.

[201] Matthew J B, Hanania G I H, Gurd F R N. Biochemistry, 1979, 18: 1919-1928.

[202] Weissbluth M. Molecular Biology. New York：Springer-Verlag，1974.

[203] Bellelli A, Antonini G, Brunori M, Springer B A, Sligar S G. Journal of Biological Chemistry, 1990, 265: 18898-18901.

[204] Kendrew J C, Dickerson R E, Strandberg B E, Hart R G, Davies D R, Phillips D C, Shore V C. Nature, 1960, 185: 422-427.

[205] Dunford H B. Baculovirus expression and characterization of catalytically active horseradish peroxidase//Dunford H B. peroxidase in Chemistry and Biology. Boca Raton,U.S.A.: CRC Press, 1991.

[206] Welinder K G. Chemistry-A European Journal, 1979, 96: 483-502.

[207] Lvov Y, Ariga K, Ichinose I, Kunitake T. Journal of the American Chemical Society, 1995, 117: 6117-6123.

[208] Bankar S B, Bule M V, Singhal R S, Ananthanarayan L. Biotechnology Advances, 2009, 27 (4): 489-501.

[209] Wohlfahrt G, S. Witt J H, Schomburg D, Kalisz H M, Hecht H J. Acta Crystallographica Section C-Structural Chemistry, 1999, 55: 969-977.

[210] Armstronh F, Hill A, Walton N. Accounts of Chemical Research, 1988, 21: 407-413.

[211] 池其金, 董绍俊. 分析化学, 1994, 22 (10): 1065-1072.

[212] Armstrong F A, Lannon A M. Journal of the American Chemical Society, 1987, 109 (23): 7211-7212.

[213] 董绍俊, 车广礼, 谢远武. 化学修饰电极. 北京：科学出版社, 1994.

[214] 曲晓刚, 周成立, 陆天宏, 董绍俊. 高等学校化学学报, 1994, 15: 113-116.

[215] Ruangchuay L, Sirivat A. Schwank J. Synthetic Metals, 2004, 140: 15-21.

[216] Schuhmann W, Ohara T J, Schmidt H L, Heller A. Journal of the American Chemical Society, 1991, 113 (4): 1394-1397.

[217] Tatsuma T, Watanabe T. Analytical Chemistry, 1991, 63: 1580-1585.

[218] Brett C M A, Brett A M O. Electrochemistry: Principles, Methods, and Applications. Oxford: Oxford University Press, 1993.

[219] Armstrong F A, Cox P A, Hill H A O, Lowe V J, Oliver B N. Journal of Electroanalytical Chemistry, 1987, 217: 331-366.

[220] Hagen W R. European Journal of Biochemistry, 1989, 182: 523-530.

[221] Topoglidis E, Astuti Y, Duriaux F, Graetzel M, Durrant J R. Langmuir, 2003, 19: 6894-6900.

[222] Rnsling T F, F N A E.Journal of the American Chemical Society, 1993, 115: 11891-11897.

[223] Fan C, Suzuki I, Chen Q, Li G, Anzai J. Analytical Letters, 2000, 33 (13): 2631-2644.

[224] Chattopadhyay K, Mazumdar S. Bioelectrochemistry, 2000, 53: 17-24.

[225] Yang J, Hu N. Biosensors and Bioelectronics, 1999, 48: 117-127.

[226] Liu H, Wang L, Hu N. Electrochimica Acta, 2002, 47: 2515-2523.

[227] Hu Y, Hu N, Zeng Y. Talanta, 2000, 50 (6): 1183-1195.

[228] Lvov Y M, Lu Z, Schenkman J B, Zu X, Rusting J F. Journal of the American Chemical Society, 1998: 120(17): 4073-4080.

[229] Wang G, Xu J J, Chen H Y. Electrochemistry Communications, 2002, 4: 506-509.

[230] Fan C, Li G, Zhu J, Zhu D. Analytica Chimica Acta, 2000, 423: 95-100.

[231] Yu X, Sotzing G A, Papadimitrakopoulos F, Rusling J F. Analytical Chemistry, 2003, 75: 4565-4571.

[232] Gu H Y, Yu A M, Chen H Y. Journal of Electroanalytical Chemistry, 2001, 516: 119-126.

[233] Ramanavicius A, Habermuller K, Csoregi E, Laurinavicius V, Schuhmann W. Analytical Chemistry, 1999, 71 (16): 3581-3586.

[234] Palmisano F, Zambonin P G, Centonze D, Quinto M. Analytical Chemistry, 2002, 74 (23): 5913-5918.

[235] Liu H, Hu N. Analytica Chimica Acta, 2003, 481: 91-99.

[236] Zhao G, Feng J J, Xu J J, Chen H Y. European Journal of Biochemistry, 2005, 7: 724-729.

[237] Huang R, Hu N. Biophysical Chemistry, 2003, 104: 199-208.

[238] Ferri T, Poscia A, Santucci R. Biosensors and Bioelectronics, 1998, 45: 22 l-226.

[239] Brown K R, Fox A P, Natan M J. Journal of the American Chemical Society, 1996, 118: 1154-1157.

[240] Xin G, Tao L, Jun Z, Xinjian L, Genxi L. ChemBioChem, 2004, 5: 1686-1691.

[241] Gu H Y, Yu A M, Chen H Y. Journal of Electroanalytical Chemistry, 2001, 516: 119-126.

[242] Xiao Y, Ju H X, Chen H Y. Analytica Chimica Acta, 1999, 391 (1): 73-82.

[243] Katz E, Willner I. Angewandte Chemie International Edition, 2004, 43: 6042-6108.

[244] Nadzhafova O Y, Zaitsev V N, Drozdova M V, Vaze A, Rusling J F. Electrochemistry Communications, 2004, 6: 205-209.

[245] Zhang Y, He P, Hu N. Electrochimica Acta, 2004, 49: 1981-1988.

[246] Abdollah S, Abdollah N, Mahmoud G. Analytical Biochemistry, 2005, 344: 16-24.

[247] Qu X, Dong X, Cheng Z, Lu T, Dong S. Journal of Molecular Catalysis A-Chemical, 1996, 106: 1-5.

[248] Topoglidis E, Cass A E G, Gilardi G S, Sadeghi. Analytical Chemistry, 1998, 70 (23): 5111-5113.

[249] Bonnet C, Andreescu S, Marty J L. Analytica Chimica Acta, 2003, 481: 209-211.

[250] Marko-Varga, Appelqvist G, Roger; Gorton L. Analytica Chimica Acta, 1986, 179: 371-379.

[251] Li W J, Wang Z C, Sun C Q. Analytica Chimica Acta, 2000, 418: 225-232.

[252] Kiralp S, Toppare L, Yagci Y. International Journal of Biological Macromolecules, 2003, 33: 37-41.

[253] Mascini M, Guilbault G G. Analytical Chemistry, 1977, 49 (6): 795-798.

[254] Pantano P, Morton T H, Kuhr W G. Journal of the American Chemical Society, 1991, 113: 1832-1833.

[255] Hartmann M. Journal of Materials Chemistry A, 2005, 17: 4577-4593.

[256] Hasanzadeh M, Shadjou N, de la Guardia M, Eskandani M, Sheikhzadeh P. TrAC Trends in Analytical Chemistry, 2012, 33: 117-129.

[257] Dı'az J F, K J Balkus J. Journal of Molecular Catalysis B: Enzymatic, 1996, 2: 115-126.

[258] Han Y, Lee S, Ying J. Chemistry of Materials, 2006, 18 (3): 643-649.

[259] Xu X, Tian Z B, Kong J L, Zhang S, Liu B H, Zhao D Y. Advanced Materials, 2003, 15 (22): 1932-1936.

[260] Vinu A, Miyahara M, Ariga K. The Journal of Chemical Physics, 2005, 109: 6436-6441.

[261] Hartmann M, Vinu A. Chemistry of Materials, 2005, 17: 829-831.

[262] Hou W, Zhang Q, Dong H, Li F, Zhang Y, Guo Y, Sun X. New Journal of Chemistry, 2019, 43 (2): 946-952.

[263] Palanivelu J, Chidambaram R. Journal of Cellular Biochemistry, 2019, 120(6): 10777-10786.

[264] Wu S, Zhang L, Qi L, Tao S, Lan X, Liu Z, Meng C. Biosensors and Bioelectronics, 2011, 26 (6): 2864-2869.

[265] Tang X, Zhang T, Liang B, Han D, Zeng L, Zheng C, Li T, Wei M, Liu A. Biosensors and Bioelectronics, 2014, 60: 137-142.

[266] Wu S, Ju H, Liu Y. Advanced Functional Materials, 2007, 17 (4): 585-592.

[267] You C, Yan X, Kong J, Zhao D, Liu B. Talanta, 2011, 83 (5): 1507-1514.

[268] Zhou M, Shang L, Li B L, Huang L J, Dong S J. Biosensors and Bioelectronics, 2008, 24 (3): 442-447.

[269] Jiang X, Wu Y, Mao X, Cui X, Zhu L. Sensors and Actuators B-Chemical, 2011, 153 (1): 158-163.

[270] Xu X, Lu P, Zhou Y, Zhao Z, Guo M. Materials Science and Engineering C-Materials for Biological Applications, 2009, 29 (7): 2160-2164.

[271] Shimomura T, Sumiya T, Ono M, Ito T, Hanaoka T A. Analytica Chimica Acta, 2012, 714: 114-120.

[272] Liu Y, Lei J, Ju H. Electroanalysis, 2010, 22 (20): 2407-2412.

[273] Xu X, Guo M, Lu P, Wang R. Materials Science and Engineering C-Materials for Biological Applications, 2010, 30 (5): 722-729.

[274] Washmon-Kriel L, Jimenez V L, Jr K J B. Journal of Molecular Catalysis B-Enzymatic, 2000, 10: 453-469.

[275] Dai Z, Xu X, Ju H. Analytical Biochemistry, 2004, 332: 23-31.

[276] Dai Z, Ju H, Chen H. Electroanalysis, 2005, 17: 862-868.

[277] Dai Z H, Ni J, Huang X H, Lu G F, Bao J C. Bioelectrochemistry, 2007, 70: 250-256.

[278] Cao X D, Sun Y X, Ye Y K, Li Y, Ge X G. Analytical Methods, 2014, 6: 1448-1454.

[279] Li J, Zhou L, Han X, Hu J, Liu H, Xu J. Sensors and Actuators B-Chemical, 2009, 138: 545-549.

[280] Teng Y, Wu X, Zhou Q, Chen C, Zhao H, Lan M. Sensors and Actuators B-Chemical, 2009, 142: 267-272.

[281] Liu Y, Xu Q, Feng X, Zhu J J, Hou W. Analytical and Bioanalytical Chemistry, 2007, 387: 1553-1559.

[282] Zhang L, Zhang Q, Li J. Electrochemistry Communications, 2007, 9: 1530-1535.

[283] Ren L, Dong J, Cheng X, Xu J, u P n f i H. Microchimica Acta, 2013, 180: 1333-1340.

[284] Han X, Zhu Y, Yang X L, Zhang J M, Li C Z. Journal of Solid State Electrochemistry, 2011, 15: 511-517.

[285] Zhang Q, Zhang L, Liu B, Li J. Biosensors and Bioelectronics, 2007, 23: 695-700.

[286] Xian Y Z, Xian Y, Zhou L H, Wu F H, Ling Y, Jin L T. Electrochemistry Communications, 2007, 9: 142-148.

[287] Azadbakht A, Abbasi A R, Gholivand M B, Derikvand Z. Journal of Inorganic and Organometallic Polymers, 2014, 24: 573-581.

[288] Dai Z, Liu S, Ju H, Chen H. Biosensors and Bioelectronics, 2004, 19: 861-867.

[289] Feng J J, Xu J J, Chen H Y. Biosensors and Bioelectronics, 2007, 22: 1618-1624.

[290] Paddon C A, Marken F. Electrochemistry Communications, 2004, 6: 1249-1253.

[291] Sun W, Guo C X, Zhu Z, Li C M. Electrochemistry Communications, 2009, 11: 2105-2108.

[292] Yu J J, Tu J X, Zhao F Q, Zeng B Z. Journal of Solid State Electrochemistry, 2010, 14: 1595-1600.

[293] Zheng J, Xu J L, Jin T B H, Wang J L, Zhang W Q, Hu Y X, He P G, Fang Y Z, Davison B H. Electroanalysis, 2013, 25 (9): 2159-2165.

[294] Wu S, Ju H, Liu Y. Advanced Functional Materials, 2007, 17: 585-592.

[295] Dai Y Q, Shiu. K K. Electroanalysis, 2004, 16: 1697.

[296] Jia N, Wen Y, Yang G, Lian Q, Xu C, Shen H. Electrochemistry Communications, 2008, 10: 774-777.

[297] Xu X, Tian B, Zhang S, Kong J, Zhao D, Liu B. Analytica Chimica Acta, 2004, 519: 31-38.

[298] Yu J, Ma J, Zhao F, Zeng B. Electrochimica Acta, 2007, 53: 1995-2001.

[299] Frasca S, Graberg T V, Feng J J, Thomas A, Smarsly B M, Weidinger I M, Scheller F W, Hildebrandt P, Wollenberger U. ChemCatChem, 2010, 2: 839-845.

[300] Cai C-J, Xu M-W, Bao S-J, Lei C, Jia D-Z. RSC Advances, 2012, 2: 8172-8178.

[301] Zhao M, Zhou Y, Cai B, Ma Y, Cai H, Ye Z, Huang J. Ceramics International, 2013, 39: 9319-9323.

[302] McKenzie K J, Marken F. Langmuir, 2003, 19: 4327-4331.

[303] McKenzie K J, Marken F, Opallo M. Bioelectrochemistry, 2005, 66: 41-47.

[304] Feng J J, Xu J J, Chen H Y. Electrochemistry Communications, 2006, 8: 77-82.

[305] Astuti Y, Topoglidis E, Briscoe P B, Fantuzzi A, Gilardi G, Durrant J R. Journal of the American Chemical Society, 2004, 126: 8001-8009.

[306] Popescu I C, Zetterberg G, Gorton L. Biosensors and Bioelectronics, 1995, 10 (5): 443-461.

[307] Steffens G, Nothdurft L, Buse G, Thissen H, Höcker H, Klee D. Biomaterials, 2002, 23: 3523-3531.

[308] Zhuo Y, Yuan R, Chai Y Q, Sun A L, Zhang Y, Yang J Z. Biomaterials, 2006, 27: 5420-5429.

[309] Zhang X, Guan R F, Wu D Q, Chand K Y. Journal of Molecular Catalysis B: Enzymatic, 2005, 33: 43-50.

[310] Huang H, He P, Hu N, Zeng Y. Bioelectrochemistry, 2003, 61: 29-38.

[311] Huang H, Hu N, Zeng Y, Zhou G. Analytical and Bioanalytical Chemistry, 2002, 308: 141-151.

[312] Wang J, Musameh M, Lin Y. Journal of the American Chemical Society, 2003, 125: 2408-2409.

[313] Wang J, Pamidi P V A. Analytical Chemistry, 1996, 68: 2705-2708.

[314] Borodina E, Karpov S I, Selemenev V F, Schwieger W, Maracke S, Froeba M, Rossner F. Microporous and Mesoporous Materials, 2015, 203: 224-231.

[315] Kim Y, Kim S, Park Y K, Kim J M, Ki J J. Journal of Korea Society of Waste Management, 2005, 22 (6): 556-562.

[316] Sarkadi-Priboczki E, Kumar N, Salmi T. Murzin D Y, Kovacs Z. Catalysis Today, 2005, 100 (3-4): 379-383.

[317] Wu T M, Wu G R, Kao H M, Wang J L. Journal of Chromatography A, 2006, 1105 (1-2): 168-175.

[318] Panneerselvam S, Raj M R, Anandan S. Solar Energy Materials And Solar Cells, 2010, 94 (10): 1783-1789.

[319] Ara K M, Pandidan S, Aliakbari A, Raofie F, Amini M M. Journal of Separation Science, 2015, 38 (7): 1213-1224.

[320] Motos-Perez B, Roeser J, Thomas A, Hesemann P. Applied Organometallic Chemistry, 2013, 27 (5): 290-299.

[321] Zhang Q, Zhang L, Liu B, Lu X, Li J. Biosensors and Bioelectronics, 2007, 23: 695-700.

[322] Zhang X, Guan R F, Wu D Q, Chand K Y. Journal of Materials Chemistry-A, 2005, 33: 43-50.

[323] Li J X, Zhou L H, Han X, Hu J, Liu H L, Xu J. Sensors and Actuators B-Chemical, 2009, 138 (2): 545-549.

[324] Yiu H H P, Wright P A. Journal of Materials Chemistry A, 2005, 15: 3690-3700.

[325] Liu M, Qi Y, Zhao G. Electroanalysis, 2008, 20 (8): 900-906.

[326] Schmidt-Winkel P, Wayne W, Lukens J, Yang P, Margolese D I, Lettow J S, Ying J Y, Stucky G D. Journal of Materials Chemistry A, 2000, 12: 686-696.

[327] Lee D, Lee J, Kim J, Kim J, Na H B, Kim B, Shin C H, Kwak J H, Dohnalkova A, Grate J W, Hyeon T, Kim H S. Advanced materials, 2005, 17: 2828-2833.

[328] Yoshitake H, Toshiyuki Yokoi, Tatsumi T. Journal of Materials Chemistry A, 2002, 14: 4603-4610.

[329] Wang Q, Lu G, Yang B. Langmuir, 2004, 20:1342-1347.

[330] Murry R W//Bard A J. Electroanalytical Chemistry, Vol. 13. New York: Marcel Dekker, 1984; 191.

[331] Yang W, Li Y, Bai Y, Sun C. Sensors and Actuators B-Chemical, 2006, 115: 42-48.

[332] Zhang H, Lu H, Hu N. Journal of Physical Chemistry C, 2006, 110: 2171-2179.

[333] Liu H, Hu N. Journal of Physical Chemistry C, 2005, 109: 10464-10473.

[334] Liu A, Wei M, Honma I, Zhou H. Analytical Chemistry, 2005, 77: 8068-8074.

[335] Ma D, Li M, Patil A J, Mann S. Advanced Materials, 2004, 16: 1838-1841

[336] Schulz-Ekloff G, Rathousky J, Zukal A. International Journal of Inorganic Materials, 1999, 1: 97-102.

[337] Wang Y J, Caruso F. Chemistry of Materials, 2005, 17: 953-961.

[338] Lee D, Lee J, Kim J, Kim J, Na H B, Kim B, Shin C H, Kwak J H, Dohnalkova A, Grate J W, Hyeon T, Kim H S. Advanced Materials, 2005, 17: 2828-2833.

[339] Sing K S W, Everett D H, Haul R A W, Moscou L, R.A. Pierotti, Rouquerol J, Siemieniewska T. Pure and Applied Chemistry, 1985, 57: 603-619.

[340] Nassar A E F, Willis W S, Rusling J F. Analytical Chemistry, 1995, 67: 2386-2392.

[341] Anderson M W, Klinowski J. Journal of the Chemical Society, Faraday Transactions 1, 1986, 82 (5): 1449-1469.

[342] Kauppinen J K, Moffatt D J, Mantsch H H, Cameron D G. Applied Spectroscopy, 1981, 35: 271-276.

[343] Shan D, Wang S X, Xue H G, Cosnier S. Electrochemistry Communications, 2007, 9: 529–534.

[344] Panchagnula, V, Kumar, C V, Rusling, J F. Journal of the American Chemical Society, 2002, 124: 12515-12521.

[345] George P, Hanania G. Biochemical Journal, 1953, 55: 10382-10388.